原点回帰

charming Leopard Gecko

人工餌料の登場によりぐっと飼いやすくなったことや

スキンシップを図ることのできる点もレオパの魅力。

下から掬うようにそっと持ち上げてやりましょう。

CONTENTS

Chapter

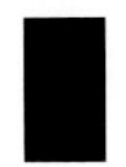

ヒョウモントカゲモドキの基礎

—— Basics of Leopard Gecko ——

ヒョウモントカゲモドキとの生活を始めるあなたへ、
知っておくべき基礎知識を彼らの魅力と共にお伝えします。

LESSON 01

飼育の魅力

世界中で愛玩されているヒョウモントカゲモドキ(通称レオパ)。繁殖の歴史は古く、40年以上も愛され続けています。その間、さまざまなモルフが作出され、バラエティに富んだ彼らの中から自分好みの個体を選ぶ楽しみもあります。

- **丈夫で飼いやすい**
- **鳴かない**
- **散歩不要**
- **おとなしくてハンドリングできる**
- **小さな飼育スペースで十分**
- **繁殖も狙える**

といったたくさんの魅力を備え、近年では画期的な餌である専用の人工フードも登場したことで、レオパブームに拍車がかかりました。SNSで見かけられるシーンも増えたことがその人気の高さを物語っています。

ただし、急速にブームが拡大したこともあり、誤った知識のまま飼育をスタートしているファンも見受けられます。必要な知識を覚えておくことは、レオパと長く楽しく付き合うコツ。たとえば、餌付いているからといって終生、人工フードだけで飼えるのかといえば、そうでないことがほとんどです。人工フードを食べるから飼ってみたけど、ある日、全く食べなくなったということもあります。ですから、どうしてもコオロギが無理という人は飼育できません。現在はさまざまなタイプの人工フードが流通するようになりました。粉状の製品で、ぬるま湯で溶いて練って与えるもの、チューブ状の必要な量だけ絞り出して給餌するもの、カメや熱帯魚フードのようなスティック状で水でふやかしてから与えるものなど。個体によって嗜好性が異なるため、さまざまなフードを試すのも手ですが、多かれ少なかれコオロギやミルワームを与えるシーンも出てくるでしょう。

それと、繁殖も狙えるヒョウモントカゲモドキですが、自分で殖やした子たちを譲渡・販売するには、動物取扱業という資格が必要となります。販売や繁殖を視野に入れている人はこのことを覚えておきましょう。ただし、殖やしたとしても、自分の元で飼育し続ける場合は不要です。

爬虫類でも飼育のしやすさはナンバー1。
飼いやすいのも大きな魅力

おとなしく、おっとりした性格でハンドリングできます

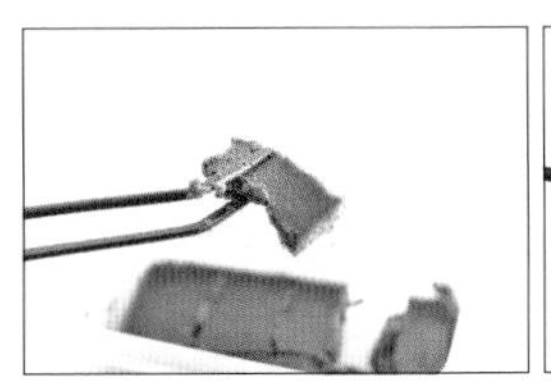

人工フードも何種類か開発されています

繁殖だって狙えます。ただし、殖やしたベビーを販売するには許可が必要

簡単な飼育セットで、スペースはそれほど必要としません

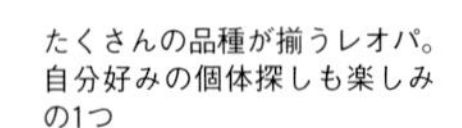

たくさんの品種が揃うレオパ。自分好みの個体探しも楽しみの1つ

LESSON 02

はじめに

ヒョウモントカゲモドキは「レオパ」の愛称で人気を集めています。英名で「レオパードゲッコー」と呼ばれ、日本ではそれを略してレオパと呼ばれていますが、和名ではヒョウモントカゲモドキとなります。どちらの呼び名が正しいのかということではありません。

人気の高いエキゾチックアニマルとして近年ヒョウモントカゲモドキが親しまれていますが、小動物や鳥類とは大きく異なるということを覚えておきましょう。彼らはハムスターやウサギ・インコとは異なる「爬虫類」。カメレオンやイグアナと同じ仲間で、哺乳類や鳥類ではありません。恒温動物ではない外温動物。つまり、体温を調節するために、異なる温度帯の場所へ自ら移動することで適度な体温を保っている動物です。

爬虫類飼育にあたっては、「温度」「水」「餌」「光」の4つが重要な要素ですが、夜行性で紫外線要求量の低いヒョウモントカゲモドキには「光」は他の爬虫類よりも重要度は低くなります。

これら4つの重要要素のうち、最も大事なのが温度です。外温動物の特性で、気温が低いと活動が鈍くなり、代謝が落ちて餌を消化できなくなってしまいます。そこで、飼育する際は野生下での太陽熱による地熱などに代わる熱源器具(プレートヒーター)を設置し、ケース内に温度勾配を設けてあげなければなりません。ヒョウモントカゲモドキにとって、「暖かい・涼しい」場所を飼育ケース内に再現してやると、彼らは勝手に移動して体温調整してくれます。言葉にすると難しく聞こえるかもしれませんが、温度勾配を設けるには、保温器具をケース全体に当てるのではなく、一部にセットするだけで自然と「暖かい・涼しい」を提供できます。ただし、あまりに小さな飼育ケースではそれが難しくなるため、特に初心者はやや広めのケース（一辺が30～60cm程度）を用いたほうが良いでしょう。

乾燥に強いヒョウモントカゲモドキですが、飲み水は必須。水入れや霧吹きでケースの壁面内側に水滴を作って舐めさせることで、水分補給させます。念のため、水入

れも常設しておくと安心。
　ヒョウモントカゲモドキの食べ物は、主に昆虫です。餌用に市販されている生きたコオロギなどを与えますが、近年、専用の人工餌が開発され、人気に拍車がかかりました。グラブパイやレオパゲル、レオパブレンド、レオパドライといった製品です。飼いたいけれど餌のコオロギがどうしても苦手という人のために、フリーズドライタイプや冷凍コオロギなども流通していますが、ゲル状やスティック状の人工餌は使いやすいうえに必要な栄養分も備え、画期的な商品として専門店や愛好家に広く利用される餌の1つとなりました。ただし、完全に「コオロギが不要」というわけではありません。全てのヒョウモントカゲモドキが人工餌に餌付いているわけではないし、餌付いていた個体が突然、食べなくなることもあります。コオロギを与える場合もあるということを念頭に飼育をスタートさせてください。
　ペットショップにはたくさんの飼育用品が並び、どれを使ったらいいのか迷ってしまうかもしれません。専門店に足を運び、アドバイスを受けながら選んでも良いし、ヒョウモントカゲモドキ飼育セットが売っていれば便利です。爬虫類イベントなどで衝動買いした場合は、器具ブースに立ち寄って飼育セットを揃え、購入先でその個体が食べている餌を確認したうえで（フタホシコオロギなのかイエコオロギなのか、人工フードなのかを聞いておく）、餌昆虫を扱うブースで1週間分ほどの餌を購入しておきます。もちろん、自宅の近所にある専門店を調べておくことも大事です。

LESSON

03

分類と分布

野生下ではパキスタンを中心に、アフガニスタンやインド北西部などにかけて分布しています。

そこは草原と砂礫地帯の間のような、まばらに草の茂みがあるようなやや乾燥した地帯で、昼夜の気温差が激しい環境。夜行性のヒョウモントカゲモドキは、暑い日中は物陰で休み、暗くなって気温が下がってくると餌を探しに外へ出かけます。餌は昆虫やクモなどの節足動物。見つけると忍び寄って襲いかかります。

さて、ヒョウモントカゲモドキは分類上では、どんな生き物なのでしょうか。

「トカゲ?」

「モドキ?」

名前にヒントが隠されていますが、先述したとおり爬虫類に分類されるトカゲモドキの仲間です。細かく言えば、トカゲ亜目ヤモリ下目に分類される動物で、トカゲモドキ科もしくはヤモリ科のトカゲモドキ属ヒョウモントカゲモドキ種に分類されます。学名は、*Eublepharis macularius*。トカゲモドキ属（*Eublepharis*）のヒョウモントカゲモドキ種（*macularius*）ということになります。

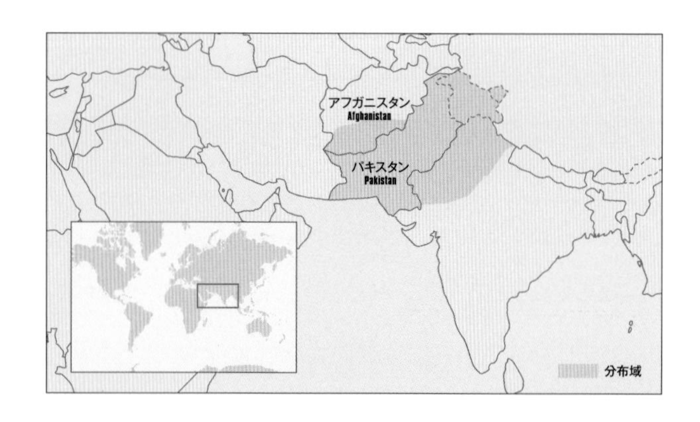

爪を用いてある程度の立体活動ができるが、壁に貼り付くことはできない

瞼を持ち、目を閉じることができる

ヤモリの仲間とされたり、独立したトカゲモドキ科とされるのは、トカゲモドキ特有の機能を有するため。ほとんどのヤモリが備えていない瞼があり、ヒョウモントカゲモドキは目を閉じることができます。虹彩は縦長で、猫のように暗い場所だと丸く大きく開き、明るいと細く縦長になります。なお、身近なニホンヤモリのように壁面に貼り付くことはできませんが、爪を引っ掛けることである程度の立体的な活動ができます。

1990年代は、ペットとして流通するヒョウモントカゲモドキは野生で捕獲されたものがほとんどでした。飼育・繁殖が容易なため、飼育下で殖やされた個体も流通し、特に黄色っぽいものが“ハイイエロー”の名で、通常の色彩・模様のものは“ノーマル”として流通していました。ただし、現在流通する“ハイイエロー”は、さらに黄色が強く、当時のものより派手な個体が多く見受けられます。原産国が中東付近ということもあり、野生捕獲個体の流通は激減、代わりにさまざまなモルフ（品種）が作出され、現在に至っています。「ヒョウモン（豹紋）」も英名の「レオパードゲッコー（ヒョウ柄のヤモリ。略して日本ではレオパと呼ばれることが多いです）」も、ヒョウのような黄色い体に黒い斑紋が入ることから名付けられましたが、現在では、全身が真っ白だったり、ライン状の模様となっていたりと、多様なモルフが知られています。

ハイイエローの幼体。今も昔も定番的存在のモルフ

LESSON
04

身体

体に2本の紫がかった黒っぽい太いバンド、尾には4本のバンドが入ります。ベビーはよりはっきりしていて、成長に伴いバンド模様が薄れ、ヒョウ柄になっていきます。

頬のあたりにある穴は耳。指で触ると閉じることができる可動性の器官です。

手触りはややゴツゴツしていて、大小の細かな鱗に覆われています。皮膚は成長と共に脱皮が繰り返され、脱皮前になると体全体が白っぽくくすんできて、脱皮殻は自分で食べてしまいます。活動時間である夜間に脱皮が行われることが多いため、飼い主が脱皮を目撃することはそう多くありません。朝、見違えるように発色の良くなったヒョウモントカゲモドキを見て、脱皮したと気づかされることが多いです。

口には細かい歯が並びます。おとなしい個体がほとんどで噛みつかれることはまずありませんが、嫌がっているのにしつこく触ろうとしたり、強く掴んだりするとごく稀に噛みつこうとしてくることもあるので注意。

瞼を閉じたところ

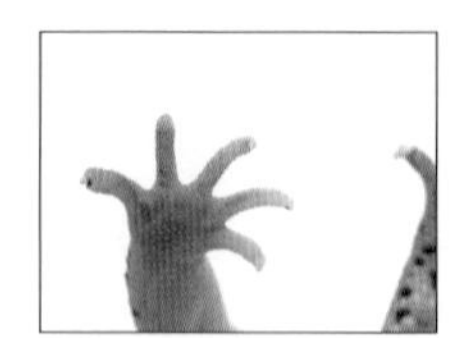

前肢（裏）。壁に貼り付くことはできない

後肢（裏）。爪を引っ掛けて移動可能

流木などのレイアウト品を入れると動きのある様子が観察できる

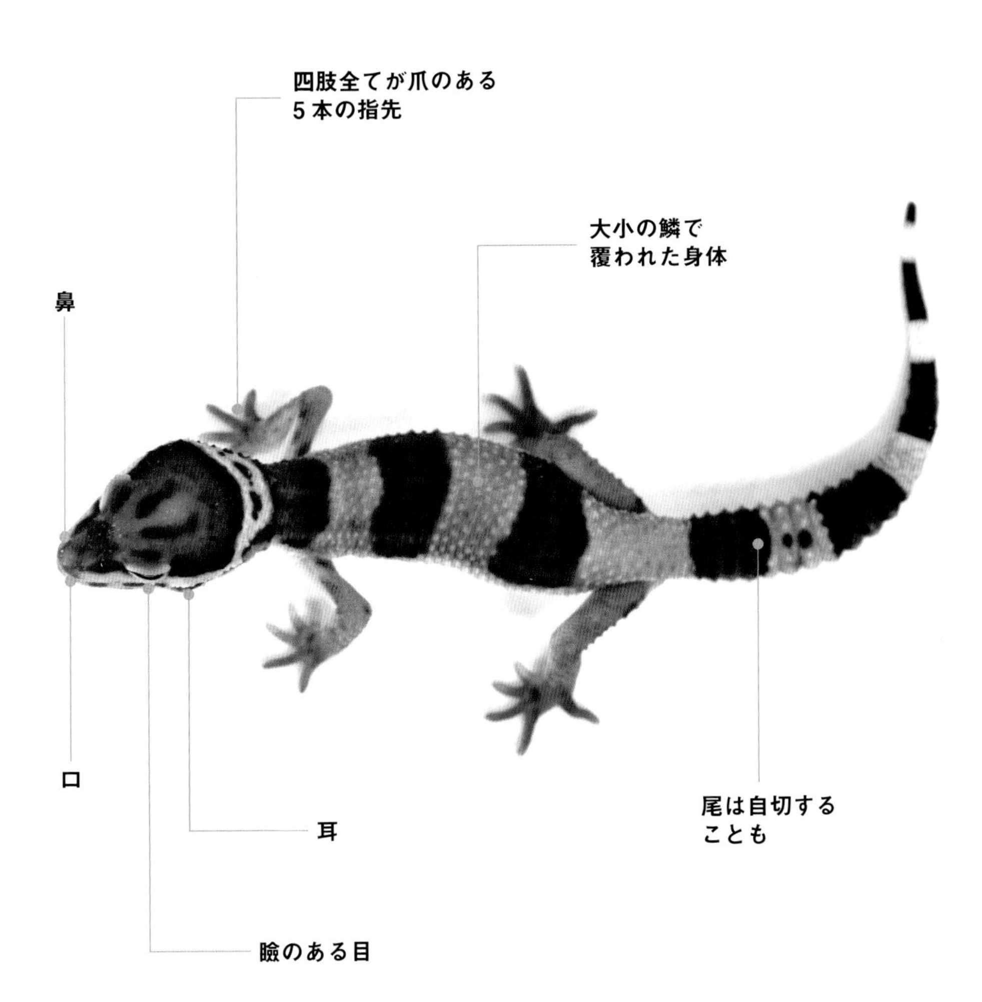
四肢全てが爪のある
5本の指先
大小の鱗で
覆われた身体
鼻
口
耳
尾は自切する
ことも
瞼のある目

LESSON
05

尾と雌雄判別

尾の太さがヒョウモントカゲモドキの健康バロメーターの1つ。脂肪が蓄えられており、餌の少ない時期を乗り切ることができます。また、外敵に襲われた時などに尾を切り離し、敵の注意をそちらに向けさせます。ニホントカゲの尾切り行動と同じ役割を果たしますが、飼育下で繁殖されたヒョウモントカゲモドキは積極的に自切することはあまりありません。だからといって尾だけを持って移動させたりするのはやめましょう。また、警戒心の強い個体はお尻を持ち上げ、尾を振る行動を見せることがあります。刺激し続けると尾を切断してしまうので、落ち着くまでそっとしてやりましょう。自切しても尾は再生してきますが、オリジナルの尾とは異なり、のっぺりしたすべすべしたものになります。ハンドリングに慣れていない幼体は尾を持ち上げる仕草を見せることがあるので、扱いはより慎重に行うように。

なお、餌を狙う際、ネコのように尻尾を振るシーンも見られます。

ある程度成長したヒョウモントカゲモドキの雌雄判別は容易で、総排泄口のあたりを見ることで確認できます。尾の裏側を見ます。頭を上にした状態で、オスは総排泄口の少し上にへの字型に小さな鱗が並び、総排泄口のすぐ下にはクロアカルサックと呼ばれる1対の膨らみが見られます。

オスの総排泄口付近

メスには
これがない

総排泄口

クロアカルサック

警戒して尾を持ち上げて振る。刺激をし続けると自切するおそれがあるので注意

再生尾の個体。オリジナルの尾とは異なり、すべすべとした質感となる

基本用語集

—— Basic glossary of Leopard Gecko ——

レオパ	ヒョウモントカゲモドキのこと。英名をLeopard Gecko（レオパードゲッコー：ヒョウ柄のヤモリ）ということから略して「レオパ」と呼ばれます。
学名	世界共通の生物単位。通常は「属名・種名」で表記されます。ヒョウモントカゲモドキは、*Eublepharis macularius*。属名が*Eublepharis*で、種名が*macularius*。
アダルト	成体。大人のレオパを指します。
アルビノ	メラニンが欠乏した表現。ヒョウモントカゲには主に３つの系統のアルビノが流通します。
F1	第１世代の仔のこと。
クラッチ	産卵回数を指します。ヒョウモントカゲモドキの場合、１回の交尾で２卵ずつ１シーズン３～５クラッチ、計６～10卵を産み落とします。ただし、１クラッチで１卵の場合も見られます。
クロアカルサック	オスの尾の基部にあるヘミペニスを収納した膨らみ。
コンボモルフ	コンビネーションモルフとも。シングルモルフの組み合わせによって作出されます。
ストライプ	上から見て頭から尾にかけて入るラインのこと。
再生尾	ヒョウモントカゲモドキは尾を摘んだり、オス同士を同居させると自ら尾を切り離すことがありますが、やがて再生します。再生した尾はオリジナルの尾と違い、表面がつるっとしていてあまり伸長しません。
ザンティック	ハイイエローと同じような表現。現在はあまり使われることはありません。
CB	シービーと読みます。飼育下で繁殖された個体を指します。
スーパー	共優性遺伝同士を掛け合わせて生まれるスーパー体に対して用いられる言葉。たとえば、スーパーマックスノー。別のシーンでは「特別な」という意味で用いられることも。スーパーハイポタンジェリンはハイポタンジェリンのスーパー体という意味ではなく、すばらしく美しいハイポタンジェリンの意。

セレクトブリード	選別交配のこと。たとえば、タンジェリンのようなモルフの中で特に色みの濃い個体同士を選んで繁殖させ、より濃くしていく交配。
SMS	スーパーマックスノーを英語表記にして頭文字を略した呼び名。SHT はスーパーハイポタンジェリンの略。長いモルフ名で使われることが多いです。
シェルター	隠れ家のこと。素焼きのシェルターや岩を模した製品などさまざまなものが店頭に並びます。
前肛孔	総排泄口のすぐお腹側に並ぶ小さな鱗の列。への字型に並んでいます。
総排泄口	尾の付け根にある器官。糞や尿を排泄したり、ヘミペニス（オスの交尾器官）が収納されています。メスはここから卵を産み落とします。
ハイポ	ハイポメラニスティックの略で、黒色色素が減退した表現を指します。淡い体色で目は黒色。
ハッチ	孵化。
ハッチリング	孵化した幼体。
バンド	上から尾を下に見て横方向へ走るライン。
ハンドリング	手のひらに乗せること。
ビタミン D3	カルシウムの吸収を促す栄養素。
メラニスティック	黒みの強い表現。
劣性遺伝	優性遺伝と掛け合わせた場合、仔に表現が表れず、次の代（孫）で遺伝子が 1 対になって初めて表現が表れる遺伝形質のこと。
ヘテロ	遺伝子を持っているものの、表現がされない状態。ヘテロ同士を掛け合わせて遺伝子が 1 対になると表現が表れます。
床材	ゆかざい・とこざいと読みます。飼育ケース内の地表面に敷く素材。
モルフ	表現型もしくは品種とほぼ同じ意味。最初のモルフはハイイエロー。
WC	ワイルド個体の略。野生下で捕獲されたもの。流通するヒョウモントカゲモドキはほぼ CB。WC に近い表現をした F1 個体などはワイルドタイプと呼ばれます。
ラインブリード	血統にこだわって交配させること。

スーパーハイポタンジェリン
ハイポタンジェリン
ハイポタンジェリン
Hetラプター
ハイポタンジェリン

Chapter

2

迎え入れから
飼育セッティング

—— from pick-up to breeding settings ——

気に入った個体との出会い。
そこから始まるヒョウモントカゲモドキとの生活。
末長く付き合えるよう、
迎え入れから飼育セッティングについて解説します。

LESSON

01

迎え入れ

全国の爬虫類専門店や爬虫類イベントのほか、熱帯魚店やホームセンターなどでも入手できます。

毎年秋に行われるブリーダーズイベントは、直接繁殖したブリーダーさんから購入できるうえ、アドバイスを受けることができるのでおすすめ。ただし、会場内はたいへん賑わっているので、質問事項は最低限にし、後日、メールなどで改めて尋ねるとブリーダーさんに親切です。自分の購入した個体の親を知ることができるなど、ブリーダーズイベントならではのメリットがあります。東京ではとんぶり市とHBM、関西では神戸でぶりくら市、四国ではSBSが開催されているので（2019年現在）、『クリーパー』や『レプファン』『ビバリウムガイド』などの爬虫類専門雑誌や、各イベントのホームページなどで開催日を確認してみましょう。他にもたくさんの爬虫類イベントが全国各地で開催されています。

同じ品種なのに価格が異なることがあります。幼体と成体でも価格差があり、また、

たいへん賑わうブリーダーズイベント。さまざまな爬虫類・両生類の国内繁殖個体が展示・販売される。ヒョウモントカゲモドキも多数並ぶ

ブリーダーさんや店員さんに気になる点や疑問点はできるだけ聞いておこう。ただし、混雑するイベントではほどほどに

爬虫類専門店ではプロのスタッフが親切に教えてくれる

幼体から成体までさまざまなモルフが並ぶ専門店のヒョウモントカゲモドキコーナー

その時の流通量や血統による違い・表現などで異なってきます。生きものなので、当然、1匹1匹に個性があります。自分が気に入ったのがその子なら、値段に左右されずに選びましょう。選ぶポイントとしては、他に色や模様・体型などにも注目してみてください。笑ったような顔や男らしい顔・美人さん・ユニークな顔や頭に顔のような模様が入るもの、じつにさまざまです。臆病な子、人懐こい子など性格もまちまち。店員さんに許可をもらって、手のひらの上に乗せてみるなどしても良いでしょう。同時に健康チェックも行います。尾の太さがある程度のバロメーターになりますが、以下の点を確認します。

・あまりに尾の細い個体は避ける
・販売ケース内に糞があったのなら、軟便でないかどうか確認
・しっかりと餌を食べているかどうか
・何を、どれくらいの量やペースで与えられているのか
・飼育環境を見ておく。温度やシェルターの有無など
・その他、不明点や気になる点があれば尋ねておく

行きつけの専門店を見つけよう。餌昆虫や飼育器具といった関連商品をいつでも購入できるよう、自宅から通える距離内で探すと安心

LESSON 02

持ち帰りと準備

持ち帰りかた

ほとんどの場合、購入を決めると丸い透明なパックに入れてくれます。また、現在は法律で飼育方法についての説明を受けたうえで、販売確認書にサインをすることが義務付けられています。店頭や爬虫類イベントなどで購入した際も同様。

冬はカイロなどを付けてくれますが、いずれにせよ、寄り道はせずに帰りましょう。車の中に長い時間放置したり、エアコンのそばに置かないこと。公共交通機関を使う場合は、急な温度変化に注意。途中でパックからヒョウモントカゲモドキを出さないように（逃してしまうケースもあるため）。

連れて帰ってきたら、必要以上にハンドリングをせず、新しい飼育環境に落ち着かせることが大事です。

飼育ケースの準備

飼育ケースは、玄関など人の出入りがはげしく、ドアの開閉により気温差が大きい場所は避けたほうが良いでしょう。安定した場所を選びます。エアコン前は過乾燥になりがちなため、そこも避けます。また、犬猫などの他のペットが容易に近づくことのできる場所も直接悪戯をしないにしても、ヒョウモントカゲモドキにストレスを与えてしまうので避けるように。ブリーダーや他の爬虫類を飼育している愛好家は、飼育部屋を持っている人もいます。

屋内は通常、上に行くほど暖かくなるものです。ケースを置いた高さで気温が異なることも覚えておきましょう。

ヒョウモントカゲモドキ飼育に必要なものは以下のとおりです。

□ケース
□水入れ
□シートヒーター
□床材
□シェルター
□温度計

購入時には、飼育説明を受けて生体を確認し、販売確認書にサインをする

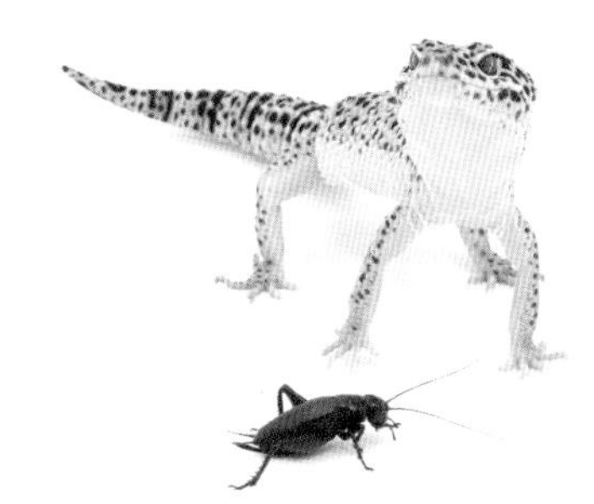

それまでどんな種類の餌をどれくらいのペースで与えられていたのか、必ず確認する

専門店では、ヒョウモントカゲモドキ飼育セットが販売されていることも。必要な飼育用品が揃うので便利

LESSON 03

セッティング

ヒョウモントカゲモドキは最大全長25cmほどなので、1匹なら一辺30cm程度のケースから飼育できます。プラケース・爬虫類用ケース・水槽などが利用されていますが、爬虫類用のプラケースや爬虫類用ケースが向いています。飼育材料を揃え、置き場所が決まったら、いよいよセッティング。シートヒーターを敷き、その上にケースを置きます。キッチンペーパーや赤玉土などの床材を敷き、水入れ・シェルター・温度計などを設置して水入れには新鮮な水を注ぎます。この水は水道水でOK。

なお、購入時のパックはあくまで展示・販売用のもの。それでずっと飼育することはできません。複数匹を同居飼育できるかどうかですが、同サイズのメスなら一緒に飼育可能。ただし、全ての個体にちゃんと餌が行き渡っているかどうか確認すること。大きな個体のほうが基本的には餌を食べるのが上手です。オスはケンカするので単独飼育で。ペアで飼う場合は、繁殖できるサイズでメスが複数匹ならOKです。それほど飼育スペースを取らないペットなので、基本的には個別飼育するのがおすすめ。専門店ではさまざまな爬虫類用ケースが並んでいるので、自分の好みに合った製品を選ぶと良いでしょう。

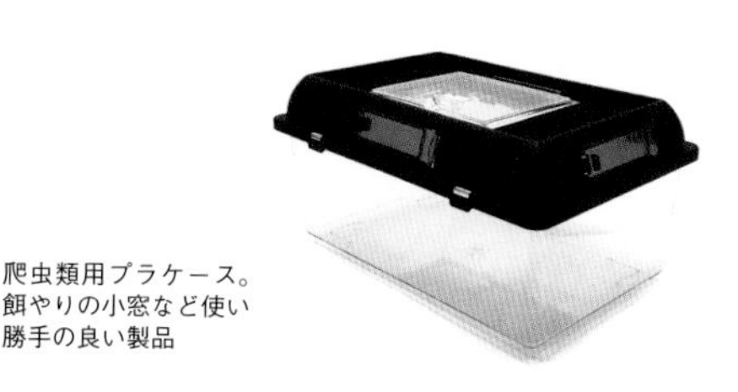
爬虫類用プラケース。餌やりの小窓など使い勝手の良い製品

昼間の観察ではシェルター内でじっとしていることが多いヒョウモントカゲモドキですが、夜間は活発に動き回ります。広めのケースに土と流木・石などを入れてみるのも楽しいです。飼育ケース内の段差は、自然環境に比べたらよほどのレイアウトでないかぎり彼らにとっては平坦な程度で、岩や流木を巧みに乗り越えたりする様子を観察できます。運動量も増え、肥満防止にも繋がります。岩を組んだ場合は、飼育個体が乗っても崩れないよう、床材に埋めるなどしっかりとレイアウトすること。

一般的なプラケース

小型の爬虫類用ケース

爬虫類用ケース。通気性に優れ、ヒョウモントカゲモドキ飼育にも向いた製品

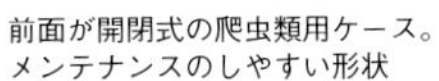

小型の爬虫類用ケース。バックルを外すと上部が外れるほか、ロック付きの扉など管理しやすいように開発されたもの

前面が開閉式の爬虫類用ケース。メンテナンスのしやすい形状

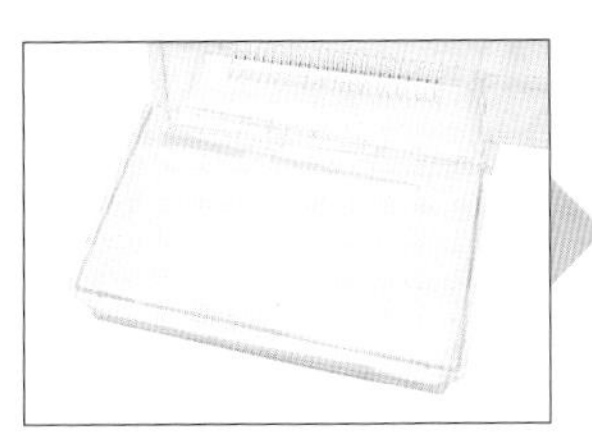

セッティング例。床材としてキッチンペーパーを底に敷く

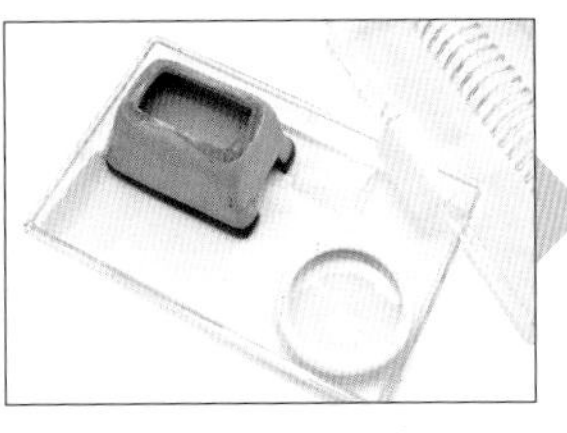

シェルターと水入れを設置。水入れには清潔な水を注ぐ

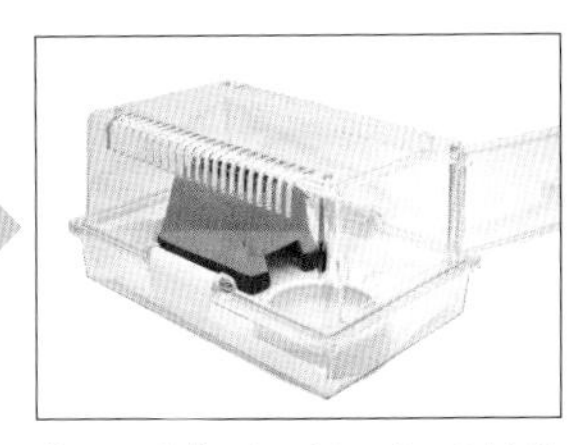

蓋をして完成。シートヒーターの上に設置し、温度を確認

LESSON 04

床材

愛好家や専門店では、さまざまなものが床材として使われています。

キッチンペーパーや新聞紙・ペットシーツ・赤玉土・人工芝などがよく使われる床材で、それぞれ長所・短所、使い勝手が異なるので好みで選択します。交換の容易なキッチンペーパーや新聞紙はレオパにぐちゃぐちゃにされることもあるので、頻繁に交換します。糞を見つけたら取り換える感じで。ヒョウモントカゲモドキは地表を舐める習慣があるので、特にベビーの時はある程度成長するまでキッチンペーパーなど誤食されないものを使います。爬虫類用の床材や赤玉土・ヤシガラ土・砂などは見ためが良い床材。糞を見つけたらその部分だけ取り除き、定期的に丸ごと交換する管理で。

見ため・掃除の手間などを考え、飼育者の好みで決めると良いでしょう。

赤玉土。園芸を扱うホームセンターなどで入手可。右半分は湿った状態

キッチンペーパー。床面の全体に敷くように。毎日交換して清潔に保つように

細かい砂を用いている場合は、小型のスコップが便利

糞を見つけたらすぐ取り除く

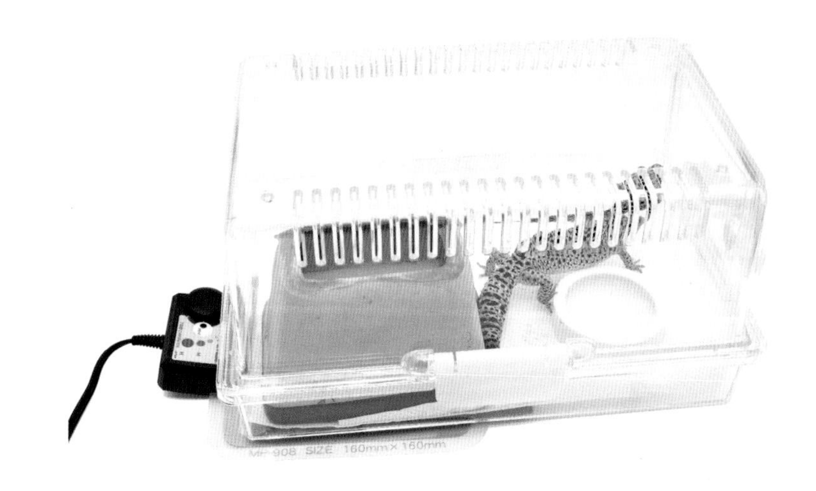

キッチンペーパーを用いたセッティング例。ヒーター上にシェルターがあるため、ケース底面と床材の間にダンボール片を挟み込み、低温火傷の防止策としてある

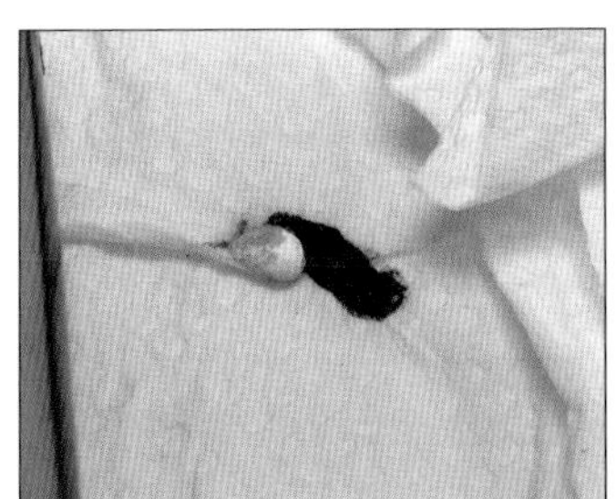

健康な糞は固形でびちょびちょしていない

LESSON
05

シェルター・水入れ

飲み水として、常に清潔な水を飼育ケース内に提供しておきます。水容器が汚れたら洗って、常に清潔に。水容器はひっくり返されないようなものなら使えますが、爬虫類用の製品も市販されています。安定感があり、岩を模したものなど見ためも良く使いやすいものばかりです。

餌入れはピンセットでの給餌に餌付いていれば入れる必要はありませんが、置き餌で与える場合は設置します。こちらも爬虫類用の製品が市販されており、餌昆虫が逃げにくい形状かつひっくり返されにくい形状なので便利。

サプリメント用の小皿も入れておいたほうがベター。レオパが舐めたい時に摂取できるようにしておきましょう。カルシウムは排泄されるため、基本的に毎回まぶしてもかまいませんが、ビタミンなど他の成分が入っている場合はその限りではありません。

シェルターは必須アイテムで、入れておくとレオパが落ち着きやすいです。爬虫類は体が触れているほうが落ち着く傾向があるので、飼育個体のひとまわり大きい程度の製品が向いています。温度勾配がある点を考慮し、低い所と高い所の2カ所に設置しても良いでしょう。アルビノやラプターなど強い光が苦手な品種には、シェルターは大切なアイテムです。

60cm水槽サイズといった広めの飼育ケースで、流木などをシェルター兼運動場として入れると、動きのある様子が観察できます。飼育者・ヒョウモントカゲモドキ双方にとってより楽しい生活を送れると思います。

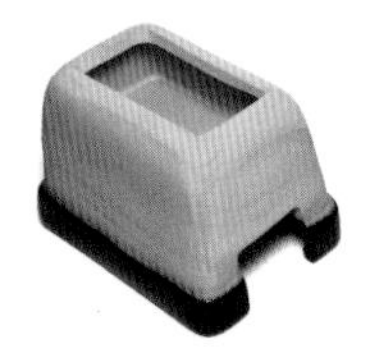

爬虫類・両生類用の素焼きのシェルター。上に水を入れておくことで、内部の湿度が適度に保たれる製品

シェルターはさまざまな製品が市販されており、サイズもいろいろ。飼育個体に合わせたものを選ぶ

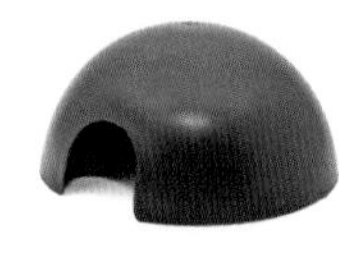

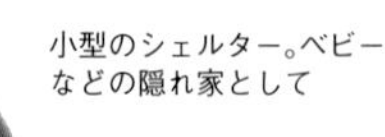

小型のシェルター。ベビーなどの隠れ家として

水入れ。餌入れとしても使える爬虫類飼育用の製品

白いため餌コオロギを目視しやすく、また、
コオロギが逃げにくい形状をしている

汚れたら交換。常に
清潔な水を与えるよ
うにしよう

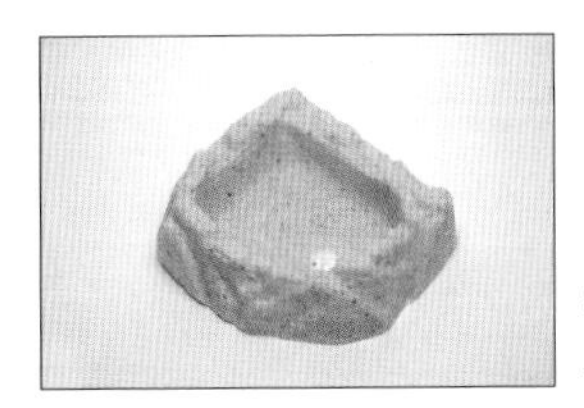

岩を模した餌入れ。
レイアウトの雰囲気
作りに

石を配置する場合は、飼
育個体が乗っても倒れな
いように。岩を置いてか
ら床材を敷いて安定させ
たり、倒れにくい形の石
を選ぶなど配慮すると事
故防止に繋がる

LESSON 06

保温器具と照明器具

ケースの下に敷くシートヒーターは床面の1/3程度に。ケース内に温度勾配を設け、好きな温度帯をヒョウモントカゲモドキが選べるようにするためです。

数値の目安は、ヒーター上で30～32℃、低い所で27℃。気温の下がる冬場に適温が確保できなかったり、ヒーター周辺の気温が低過ぎてヒーター上にじっと留まるケースも見られます。低温火傷の原因になるので、温度環境を見直しましょう。シェルターがヒーターの上のみに設置されている場合、隠れている間、ずっと温かい場所にいてしまうことで低温火傷が引き起こされるケースもあります。シェルターを2つ以上設置すると解決できます。

温度管理のできるサーモスタットに接続するとより安心です。爬虫類用の製品は使い勝手が良くおすすめ。

一般家庭と専門店・ブリーダーでは温度管理が異なることが多いです。

飼育部屋全体をエアコンなどで温度管理し、さらに飼育ケースに温度勾配を設けるためプレートヒーターを設置する方法と、大きなガラス温室内に飼育ケースを並べて管理するそのミニチュア版が専門店やブリーダーでよく見られるタイプ。

一方、1匹だけ飼育する愛好家に多いケースですが、飼育部屋にエアコンがなく、飼育ケースのみを保温する方法は、外気温によく注意します。プレートヒーターだけでは保温しきれないような厳冬期などは、さらに保温器具を増設するか、ケースの周囲を保温材で囲う、暖かい部屋に移動させるといった対策が必要です。特に幼体から成長期にあたるヤング個体の飼育ではやや高温を保つようにしてください。

いずれにせよ、基本的な温度を提供したうえで、温度勾配を作り、ヒョウモントカゲモドキが好む温度をいつでも選べるようにすることが大事です。夏場、最低温度そのものが高くなり過ぎる場合や、冬に寒くてヒーター上からヒョウモントカゲモドキが離れられなくなるようなシーンが見られたら、飼育環境を見直しましょう。扇風機やエアコンを稼働させたり、パネルヒーターをOFFにするなどします。先述したと

爬虫類用パネルヒーター。温度調整のできるタイプ

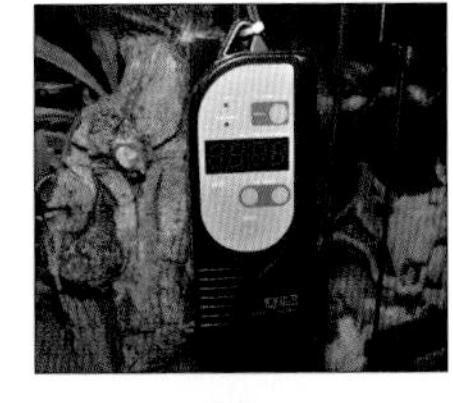

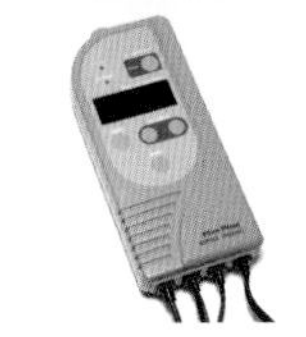

サーモスタット。温度を調整する製品で、パネルヒーターに接続して使う

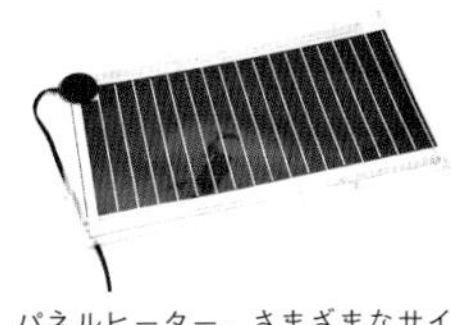

パネルヒーター。さまざまなサイズの製品が店頭に並ぶ

ブリーダーの飼育部屋。部屋全体をエアコンで気温管理し、必要に応じて個別にシートヒーターなどを設置

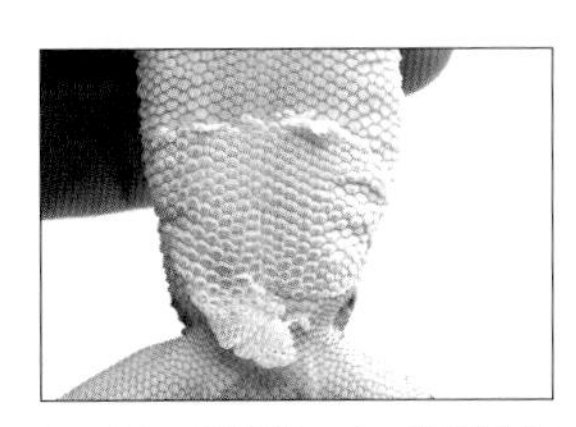

シェルターの下にヒーターを設置していたため、脱皮不全が生じた例。ヒーター上にダンボールを挟むことで症状が改善した。シェルターを複数箇所に設置しても良い

おり、同じ部屋でも床に近いほうは涼しく、ケースの位置を移動するだけでも温度が違います。ヒョウモントカゲモドキは丈夫で、高温にも低温にも耐える能力が高い生き物ですが、耐えているというだけで、それが適温というわけではありません。以前は関東地方以南なら冬場無加温で飼えると言われていたこともありますが、現在、流通するものは一年中温度管理されたブリーダーの元で累代繁殖されてきたヒョウモントカゲモドキたちです。冬場、温度が低すぎるために代謝が落ち消化できないのに、「かわいそうだから」と餌を与える飼育者もいます。彼らが外の温度に体温を左右される動物だということを忘れず、しっかりと温度管理しましょう。

照明器具は、夜行性なので基本的に不要。観賞用に用いるなら熱帯魚用の製品でOKです。ただし、野生下・飼育下問わず、太陽光または爬虫類用蛍光灯の光でバスキングしているシーンも報告されているので、昼夜の生活リズムを作る意味でも設置しても良いでしょう。

LESSON 07

ハンドリング・その他

野生下の生活状況を鑑みると、じめじめとした飼育環境は向きません。とはいえ、乾燥し過ぎにも注意します。特に、冬場は空気が乾きがちです。水入れを置き、常に清潔な水を与えるようにしてください。雫を舐めさせる目的で霧吹きをしますが、通気性の高いケースを用い、蒸れた状態が続かないようにすることも大事です。ウエットシェルターの設置も効果的。

温度計を設置して、数字で把握しておくと良いでしょう。センサー部分は飼育個体が活動する場所付近に。ケースの上方などではあまり意味がありません。霧吹きは飼育環境内への湿度保持と、壁面に水滴を作って舐めさせる目的で。特にベビーの場合はこの方法で舐めさせると良いです。

餌やりには爬虫類・両生類用ピンセットが扱いやすいです。勢いあまって餌ごとくわえてしまう可能性があるため、先端の尖っていないものが向いています。

温度計と湿度計。爬虫類用製品も市販されている

デジタル式の温湿度計。センサーをケース内に入れて測定

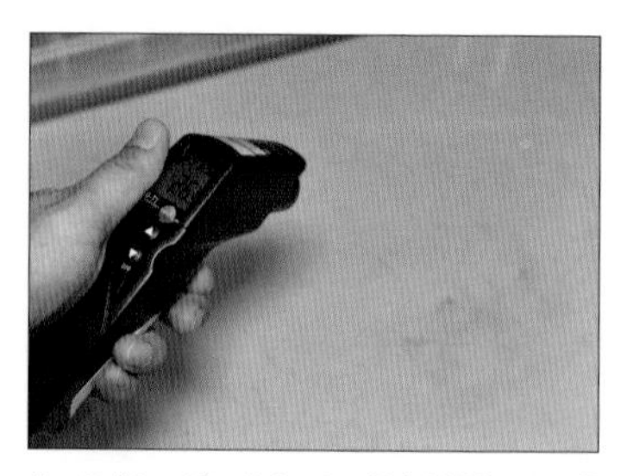

サーモガン。ピンポイントで温度を測定できる優れモノ

霧吹き。ケース内側の壁面、1～2面に噴霧して水滴を舐めさせる

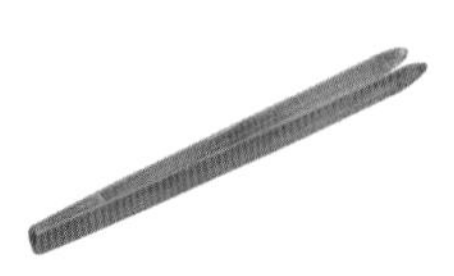

竹製のピンセット。自分の使いやすい製品を選べば良い

こちらも爬虫類用として市販されている竹製ピンセット

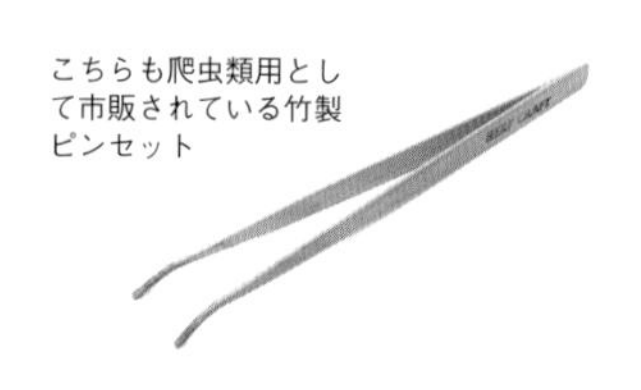

ハンドリング例。下から掬い上げるように持ち上げる

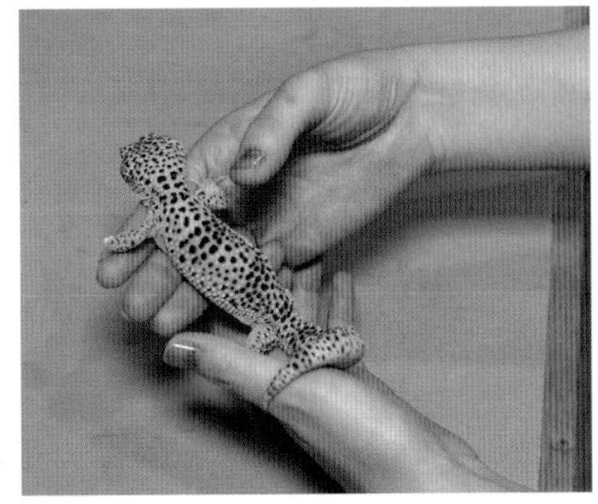

移動しても慌てずに、道を作るように前に片方の手を添えてあげよう

悪い例1。尾だけを摘まみ上げる

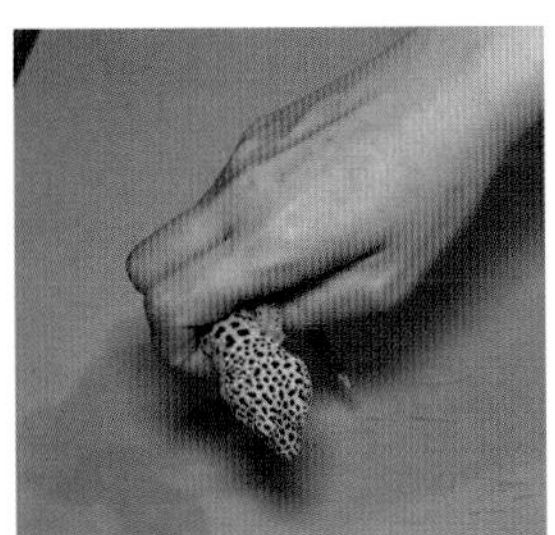

悪い例2。上から鷲掴みにする

悪い例3。前肢または後肢だけ摘まみ上げる

ハンドリングに向いているのは、飼育環境に慣れた成体のヒョウモントカゲモドキです。幼体は落ち着きがなく、手にひらに乗せてもばたばたしたり、飛び降りたりすることが多いため。いずれにせよ、ハンドリングする際は地面から高い位置ではなく、飛び降りることを想定した高さで、掬い上げるように、手のひらに誘導するように乗せ、あまり無理はしないようにしましょう。頭や尾を摘んで持ち上げてはダメ。飼育環境に慣れるまで餌やりやハンドリングを控え、落ち着かせることが大事です。

Chapter

3

日常の世話

— everyday care —

毎日の世話、特に餌やりの時間はヒョウモントカゲモドキ飼育で最も楽しいひとときです。
健康な個体を育て上げるよう配慮してあげましょう。

LESSON 01

餌やり

ヒョウモントカゲモドキは夜行性の動物。暗くなると、餌を探しにねぐらから出てきてあたりを徘徊します。飼育下では昼間、シェルターの中で寝ていて、暗くなると活動を始めます。日中そっと休めることができるよう掃除や餌やりは夜または消灯前に行うようにします。

ヒョウモントカゲモドキは、基本的に生きた昆虫を食べます。黒くがっしりとしたフタホシコオロギや、褐色でやや動きの速いイエコオロギ、ミルワーム・ジャイアントワームなどが給餌メニューとして挙げられます。

一方、「レオパゲル」「レオパブレンド」「レオパドライ」「グラブパイ」といった人工フードも近年開発され、それらに餌付いているレオパが販売されていることも多くなりました。これら人工フードは必要な栄養素が含まれた便利な製品で、サプリメントの添加も不要です。

人間にも食の好みがあるように、レオパも個体ごとに好きな餌が異なります。ですから、購入前に何を与えられてここまで育っているのかを聞いておくことも大事です。人工フードを食べるレオパでも突然受けつけなく例もあるので、餌昆虫が必要な場面が出てきます。生きた餌昆虫がどうしてもダメという人は飼育できません。

餌やりの方法にはいくつかあります。

ピンセットで餌昆虫を摘んで直接ヒョウモントカゲモドキに与える方法が一般的。口先に向かって先端を向けないようにすると、ヒョウモントカゲモドキの口が傷付くのを防止できます。別のやりかたとしては餌入れを設置して、そこから食べさせる方法が挙げられます。餌入れにあらかじめサプリメントを入れておくと、餌昆虫に付着して一緒に摂取させることができます。他に、飼育ケース内に餌昆虫をばら撒くように放す方法やピンセットで摘んだまま、飼育個体の目の前で地面を這うように動きをつける方法もあります。

いずれにせよ、食べ残した餌昆虫は取り除くようにしましょう。

コオロギは最も使われている餌昆虫。ピンセットで摘む場合は、このようにヒョウモントカゲモドキが食べやすいように、また、口を傷つけないように。後肢を取り除いて与えるとなお良い

レオパゲルはチューブ状の人工フードで、必要な分だけ絞ってピンセットで摘み取って与える。要冷蔵の商品

缶詰のコオロギ

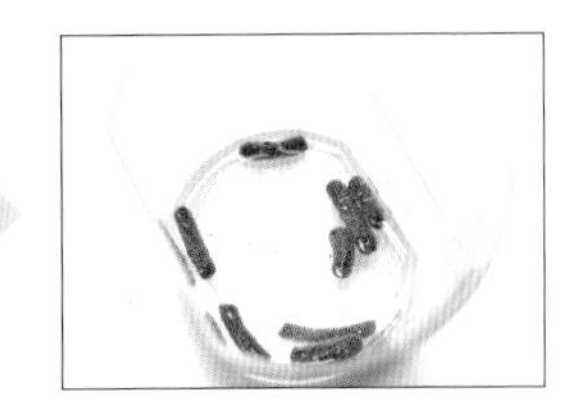

レオパブレンドはスティック状の固形フード。常温で保存可。使用時は水でふやかしてから与える。置き餌で与えても良いし、ピンセットで摘んで与えても良い

練り餌タイプの人工フード

グラブパイを食べる

レッドローチを食べる。餌昆虫もサイズがいろいろなので、飼育個体の頭の大きさを目安に給餌する

LESSON

02

コオロギのストック

餌コオロギには、ストックケースでコオロギ用の餌や葉野菜などを与え、栄養価を高めておきます。与えるペースは個体によってまちまちですが、目安を記すと、ベビーにはSサイズコオロギを毎日1、2匹、アダルトには通常のコオロギを1、2日おきに3、4匹。量やペースは飼育個体の特性を見極めて。給餌記録を付けておくと良いでしょう。ただし、初夏から秋にかけて食べる量と冬場に食べる量が異なってくることが多いので、個体の様子を見て臨機応変に。飼育個体の頭の大きさ程度のサイズのコオロギを与えます。

コオロギは各サイズのほか、冷凍・乾燥タイプのコオロギも流通。動きがすばやいので、餌捕りが下手な個体にはコオロギの足を取り除いてから与えるなど工夫します。食べ残しは取り出すこと。

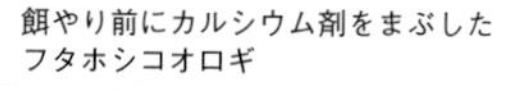

餌やり前にカルシウム剤をまぶした
フタホシコオロギ

後肢を取り除いたコオロギ

イエコオロギ

コオロギに食らいついたところ

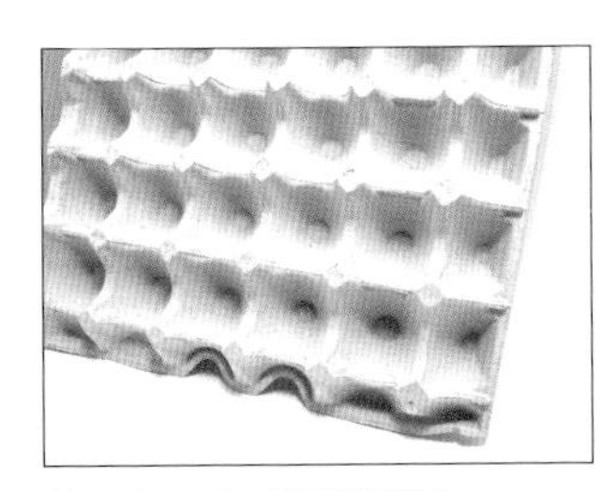
卵パック。コオロギの活動面積を
増やすアイテム

コオロギのストック例

コオロギのストックのコツ

専門店では､餌コオロギをカップや紙袋、ビニール袋に小分けされて売られています。匹数が少なければ問題ないこともありますが、購入してきたら、別に用意したコオロギのストックケースに移したほうが無難。コオロギのロスの低下に繋がります。長期間そのままにしておくと、袋を噛み破って脱走されたり、どんどん死んでいってしまいます。ストックケースはプラケースや衣装ケースなどがよく利用されています。活動面積が増すように卵パックや蛇腹状に折り曲げたダンボール、丸めた新聞紙などを入れ、個体密度を低くします。餌コオロギ専用の餌も市販されているし、ニンジンなどの野菜を与えてコオロギの栄養価を高めておくと良いでしょう。特にフタホシコオロギは水切れに弱い面があるので、溺れないような水容器を設置します。便利な餌コオロギのための水分補給用の製品が市販されているほか、給水ゼリーや小さなタッパーに水を入れてスポンジを浸す方法もあります。ニンジンやジャガイモ・ダイコンなどの根菜類をカットしたものを入れておくと、それも水分補給の役割を果たします。また、そうすることで共食いを減らすこともできます。霧吹きでストックケース全体を濡らして失敗するケースをよく耳にします。餌を濡らすとカビが生えたり、腐ってしまいやすくなるので要注意。

LESSON 03

その他の餌昆虫

ミルワーム

丸パックにふすまと共に入れられているが、プラケースなどに移して葉野菜やパン粉などを入れて栄養価を高めると、まるまる太った餌昆虫に

ミルワーム

海外のブリーダーがよく使う餌。コオロギよりも格段にストックしやすく、においが少なく､入手もしやすい点が便利な反面、栄養価はコオロギよりも劣ると言われています。やはり、ヒョウモントカゲモドキに与える前にミルワームフードや葉野菜・根菜などの餌を与えることで栄養価を高めておきます。餌を与えたミルワームは目に見えて太り、いかにもおいしそうな体つきになります。粉ダニが湧くこともあるので、パン粉などを餌にする人もいます。他に、マイクロワームやジャイアントワームなど大型の種類も流通します。長期間ストックしておくと、蛹や成虫になることもあります。別容器にパン粉を入れ、蛹や成虫を見つけたらそこへ移動させておくと、やがて産卵・孵化し、小さなミルワームが生まれてきます。が、新たに買ってきたほうが手間を考えると効率的かもしれません。

ハニーワーム

レッドローチ

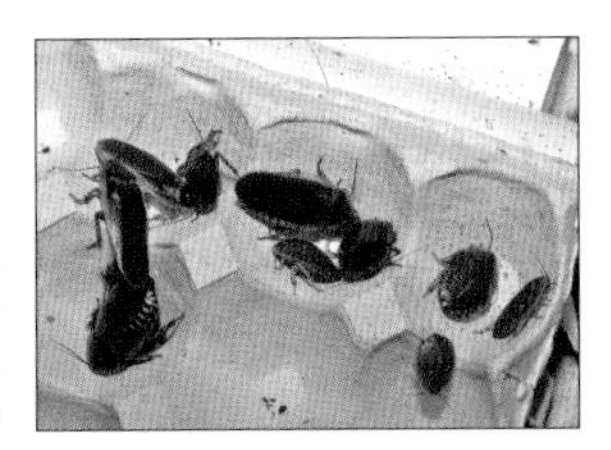

デュビア

　ハニーワームは嗜好性の高い餌ですが、栄養価が高いのでおやつとして与えるか、何らかの理由で他の餌を受け付けなくなった場合などに使います。動きは鈍く、ヒョウモントカゲモドキにとっても捕食しやすい餌。ハチノスツヅリガという蛾の幼虫で、パックの中で繭に入った状態で売られていることが多いです。涼しい場所で管理しましょう。

　餌用ゴキブリの類もいくつか流通しています。餌として割り切れる人なら、使い勝手の良い餌昆虫で、レッドローチやデュビアなどが入手できます。嗜好性も高く、ストックもしやすいのが利点。ただし、レッドローチなどは見慣れたクロゴキブリの外観に近いため、ダメな人も多いです。

餌用ピンセットは餌昆虫によって
使い分けても良い

LESSON

04

サプリメント

さまざまな商品が市販されており、成分もいろいろ。どれを使ってよいのか選択に迷ってしまうほどです。主に、カルシウム剤・ビタミン入りカルシウム剤・総合ビタミン剤がありますが、商品に添えられている使用方法や用量を守って使いましょう。

餌昆虫を給餌する前に、いったん深めの容器にサプリメントと一緒に入れて振り、餌昆虫の体に付着させるやりかたをダスティングと呼びます。

カルシウムは、ヒョウモントカゲモドキが不要分を体外に排出することができるので、毎回餌コオロギにまぶして与えてもかまいません。ただし、あまりに過剰にカルシウムを摂取させると、便秘の要因になるおそれもあると聞きます。心配な人は目安として週に1～2回ほど添加し、念のため、ケース内にカルシウム剤を入れた小皿を置き、飼育個体がいつでも舐めたい時に摂取できるようにしておくと良いでしょう。

総合栄養剤各種

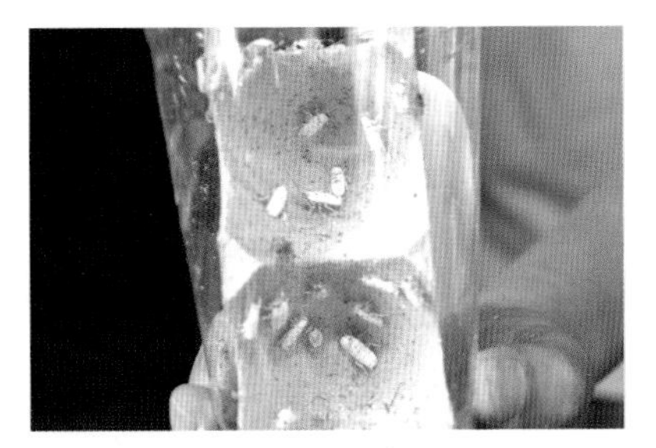

カルシウム剤で白くなった
レッドローチ

　市販されているサプリメント剤には、ビタミンD3入りのカルシウム剤や総合ビタミン剤もあります。過剰に与えることを避けたいので、病気や調子の悪い個体、産卵後のメス親のケアとして7〜10日に1度添加します。酸化しやすい面があり、これらは小分けにして冷凍保存しておくと良いでしょう。いずれにせよ、説明書や成分表をよく確認したうえで使用します。

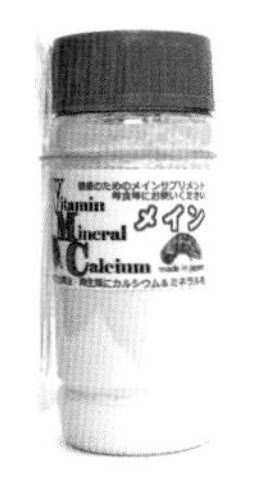

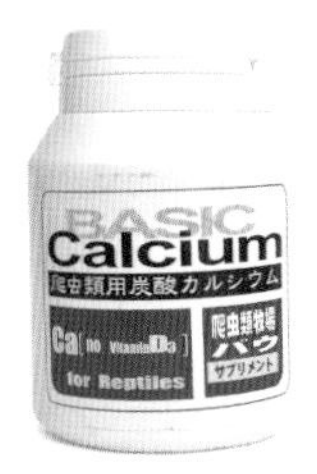

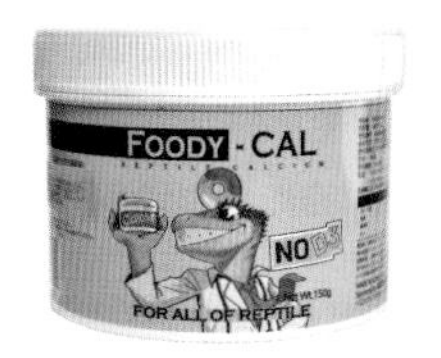

カルシウム剤各種

LESSON
05

日常の世話と健康チェック

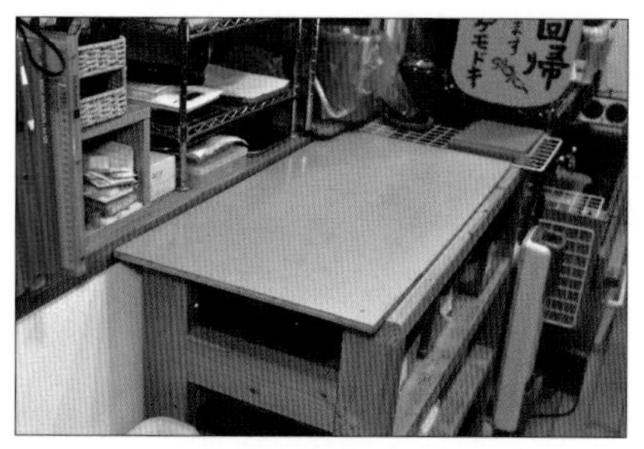

ブリーダー宅にある作業台。飼育部屋にこういったスペースがあると餌やりやメンテナンスが行いやすい

日頃から体重測定や見ための変化などよくチェックし、異常があれば早急に対処する。飼育記録をメモしたり、飼育環境を含め撮影しておくと、動物病院へ連れて行った時に参考にしてもらえるだろう

日頃の世話

水分補給は、基本的には内壁に霧吹きをして雫を舐めさせます。水入れは保険的な意味合いが強いです。毎日、朝晩に霧吹きをしましょう。最低でも1日1回は霧吹きをしてください。ケースの形状にもよりますが、蒸れ過ぎないように注意します。湿度計を設置しているなら、50%を目安に。ベビーは水切れに弱い面があるので、霧吹きの回数を増やし、水滴をよく舐めさせるようにします。水容器は爬虫類用の製品が使いやすいです。適度な重量と形状で、ひっくり返されにくい製品が店頭に並んでいます。いつでも水が飲める状況を提供することが大事です。

糞を見つけたら、すぐに取り除くようにします。また、前日の晩に与えたコオロギも食べ残しがあれば翌朝取り除きましょう。床材が汚れたら交換し、水入れには常に清潔な水を入れておくようにします。

なお、大きめの飼育ケースで石や流木などを組み合わせてレイアウトすると、動きのある様子を観察できて楽しいです。

観賞魚用として市販されている石。ヒョウモントカゲモドキのレイアウトにも流用できる

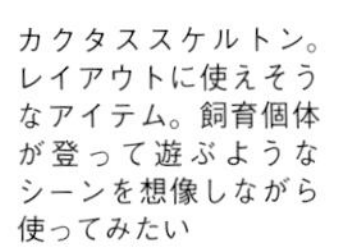

カクタススケルトン。レイアウトに使えそうなアイテム。飼育個体が登って遊ぶようなシーンを想像しながら使ってみたい

健康チェック

脱皮不全がよく見られます。ウェットシェルターやタッパーの蓋の一部を切り抜き、湿らせた水苔やスポンジなどを入れておくと、脱皮不全の防止になります。爬虫類専門店では、使い勝手の良い穴開き容器が売られていることもあります。脱皮前は体色がくすんできて全体的に白みがかります。脱皮殻は自分で食べてしまうことが多く、飼い主が気がつかず、一度も脱皮をしたことがないと勘違いしている飼育者もいます。

体重測定も定期的に行うと健康状態を把握しやすいし、万一、病気になって獣医師の判断を仰ぐ際にも良い判断材料になることでしょう。飼育個体が逃げないような容器に入れて測定し、数値から容器の重量を差し引けばヒョウモントカゲモドキの体重がわかります。

餌を食べないというトラブルもよく耳にします。お腹がいっぱいなだけという単純なケースも見受けられるし、飼育温度が低くて活動そのものが鈍っている場合もあります。その個体の好みと違う種類の餌昆虫を与えているのかもしれません。コオロギを食べないのであれば、ミルワームに変えてみるとか、まぶされているサプリメントが気に入らないのか、いろいろ試してみます。脱水時に餌を食べなくなることもあるので、ちゃんと水を飲めているかどうか、水入れの水は入っているかどうかを確認し、霧吹きの雫を舐めさせてみるなど対処しましょう。糞をチェックしてみて、いつもと異なるびちゃびちゃな形状だったら病気の可能性もあります。その場合は、糞を密閉できるビニール袋に入れ、飼育環境の写真や飼育記録などを添えて動物病院で診察を受けます。その他、いつもより元気がない・動きがおかしいなども日頃から確認しておくと良いでしょう。

脱皮が始まった個体。スムーズに脱皮が行われない場合は、飼育環境の見直しが必要

LESSON 06

脱走

気をつけていても起こりうる事態で、筆者も何度か脱走された経験があります。

飼育ケースの置いてある部屋からさらに外へ出られないよう隙間を塞いでおくとか、飼育部屋のドアを開けっ放しにしないなどの対応をしておくと、飼育部屋のどこかに潜んでいることになり、捜索が楽になります。

筆者のケースでは、夜、電気を点けると部屋の中を徘徊していたこともあるし、以前、ワンルームマンションに住んでいた時はいくら探しても見つからず、どこに隠れていたのか半年後にしっかり太ったヒョウモントカゲモドキと再会したことも。何を食べていたのか、飲み水はどこから得ていたのかわかりませんが、部屋の隅に水入れだけは置き続けました。暗い場所へ潜む傾向があるので、本棚の裏側など家具の隙間で発見したこともあります。

地表棲とはいえ、取っ掛かりがあれば高い場所へ登ることもできます。人間が住む部屋程度の凹凸や高さは、野生下で岩がゴロゴロした地面に比べれば平坦なくらいなことは想像できます。寒い時期に脱走された場合は、暖を取るために暖かい場所に行きがちだし、糞を見つけたらそれを手掛かりとして捜索してみると良いでしょう。

スライド式の扉ならしっかりと閉じてあるかどうか、ロックはしっかりとしたかどうかなど、日頃から気をつけておきます。この「うっかり施錠忘れ」はわりと多い原因です。

夜行性のヒョウモントカゲモドキ。
飼育下でも夜になると活動を始めます

Chapter

モルフ

── morph ──

たくさんのモルフが揃うヒョウモントカゲモドキ。おおまかにシングルモルフ（単一モルフ）とコンボモルフ（複合モルフ）に分けられます。シングルモルフは単一の特徴を持つのに対し、コンボモルフはその組み合わせで数え切れないほどたくさんの種類が存在します。組み合わせの元となったシングルモルフ双方の特徴を合わせたような表現から、全く別の表現のものまでさまざまです。なお、モルフ名は販売時のものを掲載してあります。

LESSON

01

シングルモルフ

Single Morph

マキュラリウス。パンジャブの名でも流通する。ワイルドのF1個体

マキュラリウス
Macularius
現在、ほとんど流通のないWCの血統をワイルドタイプと呼び、亜種ごとに区別されています。マキュラリウスは *E. m. macularius* の血統で、黄色の強いモルフ。ハイイエローが作出された亜種とも言われています。パンジャブと呼ばれることも。

モンタヌス
Montanus
E. m. montanus の血統で黒い斑紋が数多く入り、中には連続的に繋がっているものもいます。全体的に黒っぽい印象。モンテンと呼ばれることも。

ファスキオラータス
Fasciolatus
E. m. fasciolatus の血統。黒点が繋がることも多く、亜種小名の*fasciolatus*はラテン語でバンド（横帯）を意味し薄紫色の部分が残りやすいです。

アフガン

Afghan

E. m. afghanicus の血統で、他のワイルドタイプよりも小柄な印象。コントラストが強く、メリハリのきいた配色が特徴ですが、国内外で維持されている血統により多少の差異が見られます。

アフガンの幼体。同じ血統でも外見に多少の個体差が見られる

パキスタン産ワイルド個体のF1として流通する個体

ピュアワイルドタイプの名で流通する個体

ハイイエロー
High Yellow
ポリジェネティック遺伝

ノーマル個体より黄色みの強い個体をハイイエローと呼びますが、現在流通するノーマルは色調の美しいものが多く、大半がハイイエローと呼んでも差し支えないレベルです。ハイイエローの名でも個体差が見られ、また、最も基本的なモルフの1つです。

ハイイエローの幼体。成長に伴いバンド模様は薄れてゆく

ハイイエローの名でもいろいろな個体が流通し個性を見出せる

ハイイエロー

ハイポメラニスティック
Hypomelanistic
ポリジェネティック遺伝

ハイポと略されることがほとんど。黒色色素が減少した表現で、黄色が際立ち、ヒョウ柄模様が少ないのが特徴です。スーパーハイポと呼ばれるものは、より黒点が少ないものでスーパー体という意味ではありません。

タンジェリン
Tangerine
ポリジェネティック遺伝

ハイイエローが黄色の強いモルフなのに対し、タンジェリンは濃いオレンジ色。赤に近いオレンジから明るく鮮やかなオレンジまでさまざまなものが知られています。

タンジェリンの幼体

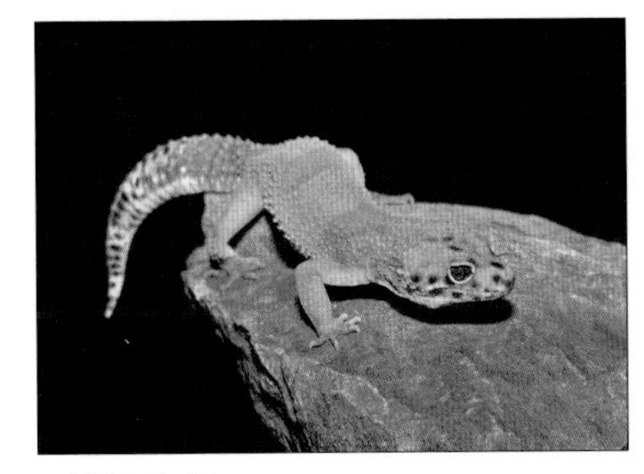

ハイポタンジェリン

ハイポタンジェリンの幼体

スーパーハイポタンジェリン

Super Hypo Tangerine
ポリジェネティック遺伝

黄色からオレンジ色の体に黒いヒョウ柄模様が入らないモルフ。長いため「SHT」と略されることも多々。この「スーパー」はスーパー体という意味ではなく、「すばらしい」「特別な」といった意味合いで、ハイポタンジェリンの中でも特に黒点が入らないものを呼びます。尾に黒点が入らずオレンジ色の面積の広い個体は「キャロットテール」の名が添えられることも。ラインブリーディングされ、血統名を示すためのオリジナル名で流通することが多いです。

スーパーハイポタンジェリンの若い個体

スーパーハイポタンジェリンの若い個体

スーパーハイポタンジェリンの若い個体

ブラッド

ブラッド

ブラッド

エレクトリック

アトミック

トルネード

インフェルノ

トルネードキャロットテール

エメリン

Emerine
ポリジェネティック遺伝

個性的な美しさを持つモルフ。名は緑色の発色に由来しますが、欧米人と日本人の色彩の認識能力の違いもあり、緑色に見えない個体も多いです。しかし、深めの緑色を放つ個体も見られ、個体間の差が顕著。サイクスエメリンやグリーンプロジェクトなどのモルフが知られています。

サイクスエメリン

グリーンタンジェリン

グリーンプロジェクト

メラニスティック
Melanistic
ポリジェネティック遺伝

オレンジ色を濃くする・白の面積を増やすなど、美しさに主眼を置いて繁殖されてきたヒョウモントカゲモドキでは異質な、黒みを強くすることを目指した表現。チャコールやブラックバック・ブラックパールなどさまざまな系統が知られています。写真はブラック。

チャコール（幼体）

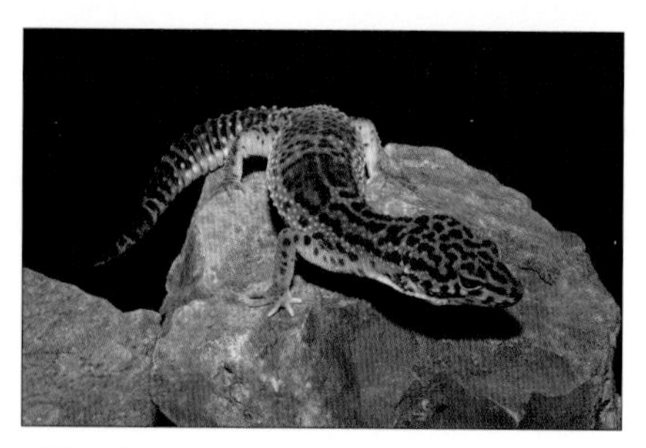

ブラックパール

ブラックスター

ブラックナイト
Black Night
ポリジェネティック遺伝

オランダ発のモルフで、真っ黒なメラニスティックの系統。真っ黒な個体から黒っぽい個体まで個体差があるもののの、全身が黒に覆われた個体は強烈な存在感を放ちます。頭から尾まで真っ黒な個体は希少で人気を集めています。

アルビノ

Albino
劣性遺伝

互いに互換性のない系統が3つ知られ、作出者の名が添えられてトレンパーアルビノ（Tremper Albino）・レインウォーターアルビノ（Rainwater Albino）・ベルアルビノ（Bell Albino）の名で流通します。同じアルビノでも系統ごとに表現が異なり、白と黄色が主体の配色をしたトレンパーアルビノに対し、ベルアルビノはラベンダー色が強く、レインウォーターアルビノは淡い色調のかわいらしいモルフ。目の色も各々異なります。流通の主を占めるトレンパーアルビノは単に「アルビノ」と呼ばれることも多く、白さには個体差が見られます。3つのアルビノ系統は、特徴が異なり、それを踏まえてさまざまなコンボモルフに使われています。

トレンパーアルビノの顔

トレンパーアルビノの幼体

ベルアルビノ

ベルアルビノ

レインウォーターアルビノ

レインウォーターアルビノ

レインウォーターアルビノの幼体

レインウォーターアルビノの幼体

アルビノエクリプスの幼体

アルビノエクリプス

アルビノリューシ（アルビノマーフィーパターンレス）

レッドストライプアルビノ

GEMスノー

GEM Snow
優性遺伝

全体的に白みがかった淡い色調と上品なモルフ。幼体時に黄色はほとんど差しませんが成体は表れてきます。マックスノーとは異なり、ジェムスノー同士を掛け合わせてもスーパージェムスノーは生まれてきません。

TUGスノー

TUG Snow
優性遺伝

白い部分の多い美しいモルフ。Gem snowと同じく、本モルフ同士を掛け合わせてもスーパー体は出てきません。ただし、GEMスノーやTUGスノーとマックスノーを掛け合わせると、スノーストームと呼ばれるスーパー体が生まれてきます。

TUGスノーエクリプス

TUGスノーパラドックス

マックスノー

Mac Snow
共優性遺伝

淡い黄色の体にヒョウ柄模様が人気のモルフで、やや大柄。幼体時は白い体に焦げ茶色のバンドが入りますが、成長につれて薄れていきます。最近では本モルフのクオリティが向上しており、成体になっても白さが際立つ個体も多く見られるようになってきました。

マックスノーの正面

マックスノーを上から

マックスノー

マックスノーの若い個体

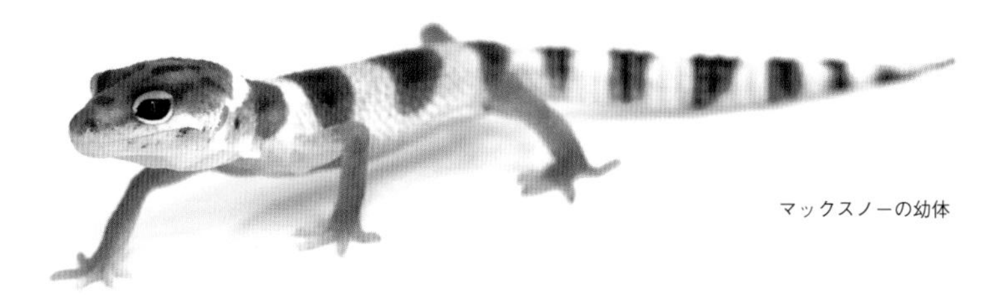

マックスノーの幼体

マックスノーの幼体

マックスノーの幼体

マックスノーアフガン

スーパーマックスノー

Super Mac Snow
共優性遺伝

白地にヒョウ柄模様が入り、黒目。黄色のない配色と黒目は抜群に愛らしく、最も人気の高いモルフの1つです。黒点の入りかたや大きさに個性があり、選ぶ楽しみもあります。さまざまなモルフとの掛け合わせに使われています。

スーパーマックスノー。
黒点の大きさや密度などにも個性が見られる

スーパーマックスノー

スーパーマックスノー

スーパーマックスノーの幼体

スーパーマックスノーの若い個体

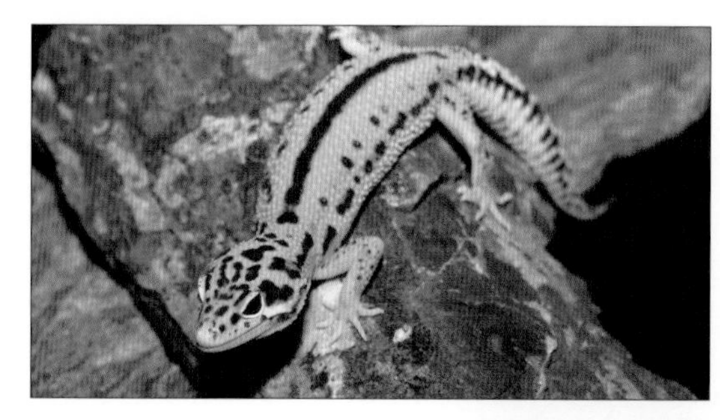

エクリプス

Eclipse
劣性遺伝

目の表現が特徴的で、真っ黒な目をしたモルフ。そのせいか目が大きく見え、よりかわいらしい印象を受けます。ただし、半分程度のみ黒い目をした個体もいて、スネークアイと呼ばれています。それに対し、全て真っ黒な目をした表現をソリッドアイと呼んで区別されます。両目ともソリッドアイ、片目のみスネークアイなどまちまち。なお、スーパーマックスノーも黒目のモルフで、他にブリザードの中にもエクリプスアイが生まれることも知られています。目だけではなく、淡い体色や鼻先と四肢が白く抜けた表現が多いです。

エクリプス

エクリプス。スネークアイ

エクリプスの幼体

エクリプス。ソリッドアイ

ドットストライプエクリプス

マーフィーパターンレス

Murphy Patternless

劣性遺伝

ヒョウモントカゲモドキの特徴的なヒョウ柄模様がないモルフで、一様に黄からグレーがかった体色をしています。「リューシスティック」の名で流通していましたが、遺伝的な意味で真のリューシスティックではないため、現在はこの名で呼ばれることも多くなっています。ベビーはブロッチ状に斑紋が入りますが、成長に伴い消えていきます。

マーフィーパターンレス
の幼体

ブリザード

Blizzard
劣性遺伝

マーフィーパターンレスと同様、斑紋のないモルフ。白に近い淡い黄色から紫がかったもの、灰色っぽいものなど色調には幅が見られます。深めの青い目をしており、時折、真っ黒なエクリプスアイをした個体も生まれますが、突発的なもので、遺伝的に固定されたエクリプスではありません。

バナナブリザード

ブリザード。色調にはある程度の幅が見られる

エニグマ

Enigma
優性遺伝

たいへん個性的なモルフで、琥珀のようなオレンジがかった目、細かな黒い斑紋の入る頭、不規則な模様の入る体が印象的。個体間の色彩や斑紋の幅も大きいです。エニグマと組み合わせることで魅力的なモルフが生まれることから、さまざまな掛け合わせに使われています。登場時は神経症状が見られ、動きや捕食が不自然な個体がいましたが、現在はそこまでひどいものはあまり見られません。餌やりの際は、ピンセットから与えたり、コオロギの動きを制限するなどのアシストをしてあげましょう。

エニグマの幼体

ホワイト&イエロー

white & yellow
優性遺伝

略して「W&Y」と呼ばれることもあります。エニグマに似た表現のモルフで、やはり不規則な斑紋が入るなどの特徴が見られます。横から見ると体の上が黄色からオレンジ、下が白っぽく、かわいらしいです。エニグマと同じく、さまざまな掛け合わせに用いられています。神経症状が見られることもありますが、エニグマと同様、それを補う以上の魅力を備えたモルフです。ポリジェネティック遺伝とする向きもあります。

ホワイト&イエローの若い個体

ホワイト&イエローエクリプス

レモンフロスト

Lemon Frost
共優性遺伝

名のとおりレモン色を基調とした派手なモルフで、シルバーの虹彩が印象的。センセーショナルな登場で愛好家の注目を集めましたが、現在は重篤な腫瘍を発症するモルフとして、国内外で流通や繁殖に際し、慎重に扱われるようになっています。

ジャイアント

Giant

通常のヒョウモントカゲモドキより大型になるモルフ。ジャイアント同士を掛け合わせると、スーパージャイアントというさらに大きなヒョウモントカゲモドキが生まれることもあります。共優性遺伝とされていましたが、最大サイズという判断材料のため、劣性遺伝もしくはポリジェネティック遺伝ではないかという意見もあります。写真はスーパーゴジラ。

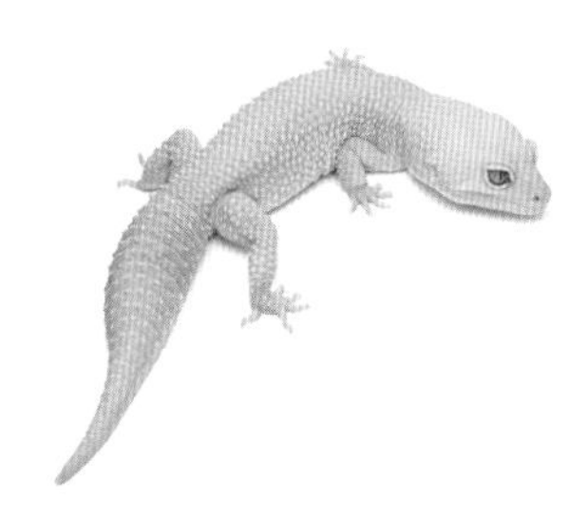

ジャイアントマーフィーパターンレスアルビノ

スーパージャイアントマーフィーパターンレス

スーパージャイアントアルビノ

ジャングル
Jungle
ポリジェネティック遺伝

バンド模様が乱れた表現。尾もしくは体のバンドどちらかが乱れたものは「アベラント」と呼ばれますが、現在はジャングル・アベラントと共に模様が乱れた個体を指すことがほとんど。

ジャングルの幼体

ストライプ
Striped
ポリジェネティック遺伝

ライン模様の入るモルフで、色調やヒョウ柄模様はまちまちです。途切れたストライプ模様は「パーシャルストライプ」と呼ばれます。

タンジェリンストライプ

ボールドストライプ

Bold Stripe
ポリジェネティック遺伝

太いラインが走るモルフ。めりはりの効いた容姿で、コントラストの強さから人気の高いモルフです。さまざまな系統が知られています。

ボールドストライプの幼体

バンディット

Bandit
ポリジェネティック遺伝

ボールドストライプの1系統で、鼻上にあたる部分に黒ひげのような模様が入る表現をバンディット（Bandit／盗賊または山賊）と呼びます。国内でも高品質なバンディットが作出されています。

タンジェリンバンディット

レッドストライプ

Red Stripe
ポリジェネティック遺伝

濃い赤色のラインが上から見ると2本流れる表現。ポリジェネティック遺伝のため、程度にはやはり幅が見られます。

リバースストライプ

Reverse Stripe
ポリジェネティック遺伝

背中線上にラインが流れる表現で、さまざまなモルフと掛け合わされています。写真はリバースストライプバンディット。

リバースストライプ
トレンパーアルビノ

レインボー

Rainbow
ポリジェネティック遺伝
グラデーションを成して走る2種のストライプが特徴的。
サイクスレインボーなども知られています。

スキットルズ

Skittles
ポリジェネティック遺伝
迷彩柄のラインが入り組む
鮮やかなモルフ。流通量は
あまり多くありません。

LESSON
02
コンボモルフ
Combo Morph

サングロー
Sunglow
スーパーハイポタンジェリン＋アルビノ
（キャロットテールが表れたもの）

ベルサングロー

ハイビノ
Hybino
スーパーハイポorスーパーハイポタンジェリン+アルビノ

タンジェリンアルビノ
Tangerine Albino
タンジェリン+アルビノ

タンジェロ
Tangelo
トレンパーラインのタンジェリン＋トレンパーアルビノ

タンジェロジャングル

トレンパーサングロー

ファイアウォーター
Firewater
レインウォーターアルビノ＋ホットゲッコーラインのタンジェリン

アプター
APTOR
ハイポタンジェリン＋パターンレスストライプ＋トレンパーアルビノ＋α

アプターの幼体

ラプター
RAPTOR
ハイポタンジェリン+パターンレスストライプ
+トレンパーアルビノ+エクリプス+α

ラプター

ホワイト&イエローラプター

スーパーラプター
Super RAPTOR
ラプター＋スーパーマックスノー

エンバー
Ember
ラプター＋マーフィーパターンレス

ディアブロブランコ
（ブリザードラプター）
Diablo Blanco
ラプター＋ブリザード

アルビノ
マーフィーパーンレスの
幼体

アルビノマーフィーパターンレス
（パターンレスアルビノ／アルビノリューシスティック）
Albino Murphy Patternless
アルビノ＋マーフィーパターンレス

レインウォーターパターンレス

レインウォーター
パターンレスの幼体

ブレイジングブリザード
Blazing Blizzard
トレンパーアルビノ＋ブリザード

ブレイジングブリザードの幼体

マックスノーアルビノ
Mac Snow Albino
マックスノー＋アルビノ

マックスノーレインウォーターアルビノ

スーパーマックスノーアルビノ
Super Mac Snow Albino
スーパーマックスノー＋アルビノ

スーパーマックスノーアルビノ

スーパーマックスノーアルビノ

マックスノーパターンレスアルビノ
Mac Snow Patternless Albino
マックスノー＋マーフィーパターンレス＋アルビノ

スーパーマックスノーブリザード
Super Mac Snow Blizzard
スーパーマックスノー＋ブリザード

ダルメシアン
Dalmetian
スーパーマックスノー＋エニグマ

ダルメシアンの幼体

スーパーマックスノーホワイト&イエロー
Super Mac Snow White&Yellow
スーパーマックスノー＋ホワイト&イエロー

ノヴァ
Nova
ラプター＋エニグマ

ドリームシクル
Dreamsickle　ラプター＋マックスノー＋エニグマ

ファントム
Phantom
トレンパーアルビノ＋TUGスノー＋スーパーハイポタンジェリン

アルビノエニグマ
Albino Enigma
トレンパーアルビノ＋エニグマ

アルビノエニグマ

ベルアルビノエニグマ
（レッドアイエニグマ）

レーダー
Radar
ベルアルビノ＋エクリプス＋ハイポタンジェリン＋パターンレスストライプ＋α

エメリンレーダー

スーパースノーレーダー

ホワイト&イエロースノーレーダー

ブラッドサッカー
Blood Super
エニグマ＋ベルアルビノ＋マックスノー

ステルス
Stealth
マックスノー＋レーダー＋エニグマ

リバースストライプステルス

スーパーステルス
Super Stealth
レーダー+スーパーマックスノー+エニグマ

ホワイトナイト
(ブリザードレーダー)
White Knight　ブリザード+レーダー

オーロラ
Aurola
ベルアルビノ＋ホワイト&イエロー

タイフーン
Typhoon
レインウォーターアルビノ＋エクリプス＋ハイポタンジェリン＋パターンレスストライプ＋α

スーパータイフーン
Super Typhoon
タイフーン＋スーパーマックスノー

サイクロン
Cyclone
タイフーン＋マーフィーパターンレス

ビー（エクリプスエニグマ）
Bee
エニグマ+エクリプス

ブラックホール
Black Hole
エニグマ+エクリプス+マックスノー

ブラックホールの幼体

トータルエクリプス（ギャラクシー）
Total Eclipse (Gallaxy)
エクリプス＋スーパーマックスノー

トータルエクリプスの若い個体

パイドトータルエクリプス

スーパーギャラクシー

ユニバース（ギャラクシーホワイト&イエロー）
Universe
スーパーマックスノー＋エクリプス＋ホワイト&イエロー

パイドユニバース

クリスタル
Crystal
マックスノー＋タイフーン＋エニグマ

スーパークリスタル

ホワイト&イエロークリスタル

ホワイト&イエローサイクスエメリン

ホワイト&イエロースノーグロー

ホワイト&イエロートレンパーアルビノタンジェリン

ホワイト&イエロースノーベルエニグマ

ホワイト&イエローレーダー

ホワイト&イエローリバースストライプラプター

ホワイト&イエローマックスノーラベンダーゴースト

スミブラックボールドストライプ

ブルースポットエクリプス

災を乗り越え
越え発展を
示すため、
画期間とす
20年の東京」
り考え方

Chapter

繁殖

—— breeding ——

初心者でも十分繁殖にチャレンジできるのがヒョウモントカゲモドキです。
しっかりと育て上げ、交尾・産卵を経て、孵化に立ち会える瞬間は飼育者ならではの楽しみです。
ただし、繁殖した個体を不特定多数に販売する場合は
現在、資格を取得しなければならないことも覚えておきましょう。

LESSON 01

性成熟

繁殖も容易なことで、国内外で盛んに殖やされているヒョウモントカゲモドキ。市場にはさまざまな品種がリリースされ、現在、流通するほとんどの個体は飼育下での繁殖個体です。飼育しているヒョウモントカゲモドキが成体になったら、相方を手に入れ、自分の元で繁殖にチャレンジしてみたいという気持ちも沸き起こることでしょう。そこで、忘れてはならない大事なことがあります。繁殖させて、たくさんのベビーを得られたとして、全ての個体を飼育し続けるのであれば問題ありませんが、飼育スペースや世話にかかる手間・餌昆虫などの予算は、飼育個体数に比例して増していきます。また、購入したお店に引き取ってもらったり、ブリーダーズイベントで展示・販売したいという場合は、「動物取扱業」という資格を取得しなければなりません。言い換えれば、販売しているブリーダーさんたちは全員が動物取扱業を取得しており、対面販売できちんと飼育方法などを説明したうえで販売しています。それを踏まえたうえで、繁殖に取り組まなければなりません。

雌雄共に十分成熟した個体をブリーディングに使う

雌雄判別については「Chapter 1 ヒョウモントカゲモドキの基礎」で述べたとおりです。総排泄口付近を見ることで判別できます。幼体では難しいですが、ある程度育った個体であれば容易に見分けることができます。

繁殖にはペアが揃い、両親とも繁殖可能なほどに成熟している個体が適しています。性的に成熟していたとしても、若過ぎるとうまくいかないこともあります。特に産卵を行うメス親には十分な栄養を摂らせておき、特にカルシウム分が不足しないように。不足していると、産後にさまざまな症状を引き起こす要因になります。

栄養状態もしっかりと管理。
特にメス親には気を遣うように

幼体から亜成体は繁殖できるサイズまで
しっかりと育て上げることが大事

LESSON

02

交尾

ヒョウモントカゲモドキは、10〜12月を除く時期が繁殖できる期間と言われています。クーリングといって、低温下に一定期間置くことで繁殖を促すブリーダーもいます。通常、冬場にクーリングを行い、初春に交尾させて、夏頃まで産卵が続きます。産卵は1回だけではなく、1シーズンに3〜5回ほど1回につき2卵ほど産み落とします。クーリングをするかしないかはブリーダーによって異なります。したほうが繁殖効率が高まるという人もいれば、クーリングには健康リスクを伴う危険性があるので行わないという人もいます。

クーリングの方法ですが、親にはたっぷりと餌を与えておき、クーリング前の数日間、給餌をストップさせて、お腹の中に未消化の餌が残らないようにしてから、1〜2カ月ほど18〜20℃ほどの飼育温度にします。日頃の飼育温度でクーリング温度が変わってくるので、低めの温度で飼っている場合はさらに低めに設定します。いきなり温度変化を与えるのではなく、飼育ケースの場所を低い位置にする、低い温度帯の他の場所へ移動させるなどして、徐々に下げていくように。

この間、水入れの水は常に新鮮なものを

交尾シーン

左がオス。交尾を受け入れる準備のできたメスは
尾を持ち上げる行動を見せる

注ぎ、餌を与えません。ただし、冬季は飼育温度が自然とやや低くなることもあるし、飼育ケースを部屋の床付近に移動させるだけで（部屋の上方は暖かく、下は涼しい）、意図していなくてもクーリングのような状況になることもよくあります。いずれにしても、ヒョウモントカゲモドキの場合、孵化に至ることがほとんどです。

クーリングが明けたら、もしくは外気温の上昇してくる3月下旬あたりから、雌雄を同居させると交尾が行われます。オスはメスに対して攻撃的になることもあるので、一緒にした際はよく観察しましょう。交尾は、オスがメスの首に噛み付き、ヘミペニスを出してメスの総排泄口に挿入します。交尾を受け入れる準備のできているメスは尾を持ち上げます。メスがあまりに嫌がる場合は、いったん離して再度チャレンジするか違うメスを合わせます。交尾が成立すると、メスは1カ月前後で産卵するので、繁殖用ケースを準備し、メスは元のケースに戻しておきます。繁殖用ケースは、いつもより広めのケースに産卵場を設置したものでかまいません。メス親が入って産卵できるほどのタッパーなどに、少し湿らせたヤシガラ土やピートモス、黒土とバーミキュライトを混ぜたものなどを10cmほど入れて、蓋の一部を切り抜いて出入り口とすれば良いでしょう。

LESSON
03

産卵

ハッチライトという爬虫類専用の孵卵材。
パック付きのタイプも流通している

ヒョウモントカゲモドキの卵。孵卵材はブリーダーさんによってまちまちで、ここではヤシガラ土を使用

通常、ヒョウモントカゲモドキは交尾から半月から1カ月前後ほどで産卵します。

交尾を確認していたらある程度の目安がつきますが、そうでなくても、ぷっくらとしていたメスのお腹がへこんでいるので、産卵の有無は観察していればわかりやすいです。交尾を終えた産卵前のメス親には十分な量の餌を与えます。食欲も旺盛になっているので、サプリメントもしっかりと添加し、次の産卵に備えましょう。

母親は産卵ケースに潜り、土を底のほうまで掘って卵を産み落とし、きちんと土をかぶせます。卵は慎重に掘り起こして別に用意した孵卵容器に並べていきます。卵の上下をなるべくひっくり返さないよう、卵にマジックなどで印を付け、孵卵容器に日付も記しておくと孵化日がわかりやすくなります。その際、産卵前に、孵卵容器を準備しておくとスムーズです。

産卵日とモルフ名をメモしておこう。特に複数匹を繁殖させている場合は、間違いがなくなる

購入時に収容されていたような丸カップ、もしくは蓋に小さな穴をいくつか空けたタッパーなどに3cmくらいの厚さで孵卵材を入れます。孵卵材は「ハッチライト」という爬虫類専用の製品をはじめ、いくつか使い勝手の良いものが専門店などで入手できるほか、やや湿らせたバーミキュライトが利用できます。指で少しへこませそこに卵を置きます。

26～31℃で保管すると孵化に至ります。なお、孵卵温度により性別や孵卵期間が異なり、たとえば26℃だとほぼメスで2カ月から3カ月。30℃なら、雌雄両方で2カ月ほど。32℃だとほぼオスが生まれ、35～50日ほどで孵化に至ります。ブリーダーたちはインキュベーター（孵卵器）を利用し、しっかりと卵を管理しています。先の温度を意識し、気温の変化の少ない場所に置いておくだけでも孵化に至ることが多いです。

孵卵環境が乾いてきてしまったら水分補給しますが、卵に霧吹きを当てるようなことはせず、孵卵材にスポイトで加水しましょう。特に、孵卵期間前期はある程度の湿度が必要だと言われています。湿度管理の目安は80%ほど。

LESSON 04

孵化

孵卵している卵は、産卵日と管理温度で孵化日が予想できます。卵から孵化したベビーはたいへんかわいらしく、感動的な瞬間です。ですが、嬉しさのあまり、すぐに取り出すようなことはせず、卵の殻ごとそのまま孵卵容器に入れておいたままにしてください。ベビーたちにとって、外の世界は全てが初めての体験で、温度変化などを与えないようにしたいからです。1日ほど経過したら、親よりも小さな飼育ケースに移して管理しますが、砂は使わず少し湿らせたキッチンペーパーなどを用います。生後2日後あたりに最初の脱皮を行い、その後あたりから餌を食べるようになります。脱皮をするまでは餌を食べないので、給餌は行いません。

脱皮を終えたベビーたちには、小さな餌を毎日少しずつ与えることがポイント。ベビーの頭の大きさに合わせた小さいミルワームやコオロギを与えますが、最初から人工フードに餌付かせても良いでしょう。個体により好みがあるので、なかなか餌付かない場合は無理をせず、餌昆虫を与えるようにします。幼体たちは親よりもやや高めの飼育温度かつ乾燥に注意しながら育てます。

ベビーらしい頭でっかちの体型も愛らしいですが、成体とは異なる幼体時特有の模様や色合いはこの時期だけ楽しめるものです。成長に伴う外見の変化も観察してみると楽しいでしょう。

孵化直後のベビー

ブリーダーさんの管理スペース。たくさんの個体を飼育・繁殖させているので、間違えないようにメモが付せられている

LESSON 05

遺伝

ヒョウモントカゲモドキの遺伝をおおまかに説明すると、劣性遺伝・優性遺伝・共優性遺伝・ポリジェネティック遺伝の4つの形態が知られています。

劣性遺伝は、たとえば劣性遺伝の親と優性遺伝の親を掛け合わせると、表現が優性遺伝の親で見ためには表れていないものの劣性遺伝子の情報を持つ子供が生まれます。これをヘテロと呼びます。さらにヘテロ同士を掛け合わせて初めて1/4の確率で劣性遺伝の表現の仔が出てきます。

優性遺伝は、それ同士を交配すると半分の確率で親と同じ優性遺伝の表現が生まれるというもの。

共優性遺伝は、それ同士を掛け合わせると、1/4の確率でスーパー体が出てきます。

ポリジェネティック遺伝は親と似た仔が出てくるという意味合いの遺伝形態。黄色い仔同士を掛け合わせていくと、黄色みの強い血統になっていくというイメージでしょうか。

具体例を紹介していきます。

同系統の劣性遺伝であるアルビノ同士の仔は100%アルビノが生まれます。優性遺伝のモルフ、たとえばノーマルとアルビノの仔は全てヘテロアルビノ（見ためはノー

マル)。ヘテロアルビノ同士の仔は、25%アルビノ・25%ヘテロアルビノ・50%ノーマル。見ためがアルビノなのは4匹中1匹という割合です。残りの3匹はノーマル表現で、どの1匹がヘテロアルビノなのか区別できません。この状態をポッシブルヘテロと呼びます。

優性遺伝のエニグマと優性遺伝のノーマルからは、エニグマとノーマルが半々生まれてきます。マックスノー（共優性遺伝）とノーマル（優性遺伝）では半々に、スーパーマックスノー（共優性遺伝）とマックスノー（共優性遺伝）でも半々、スーパーマックスノー（共優性遺伝）では全てスーパーマックスノーが生まれます。

こういった単一のモルフを掛け合わせて作出するのがコンボモルフです。さまざま名前が付けられ、たいへん美しいコンボモルフも多数流通しています。

どれとどれを掛け合わせるかは、あなたの好みです。なお、上の確率はあくまで机上の理論。実際は異なる場合も多々あります。エニグマやホワイト&イエローは模様を不規則にする表現なので、個性的な個体が生まれてくることもあります。スーパーマックスノーの黒点1つ1つの大きさも大きなものから細かいものまでさまざまなので、そこにこだわってみてもいいかもしれません。気に入った系統のタンジェリンを掛け合わせてより濃いオレンジ色のベビー誕生に期待を寄せても楽しいし、メラニスティック系の黒いモルフを掛け合わせてさらに黒みの強いヒョウモントカゲモドキを目指すのも良いでしょう。

Chapter

Q&A

解答 山本直輝

Q 初めて爬虫類を飼ってみたいのですが、レオパは飼いやすいですか？

爬虫類の中でも飼育設備が少なく、また、生体に関しても丈夫な種類になるので、飼育は始めやすくおすすめな爬虫類になります。ただ、爬虫類は外温動物（外部の温度により体温が変化する動物）なので「温度管理」がとても重要です。そこをしっかりと守っていただければという前提で、「温度」を意識して飼育をスタートしてください。

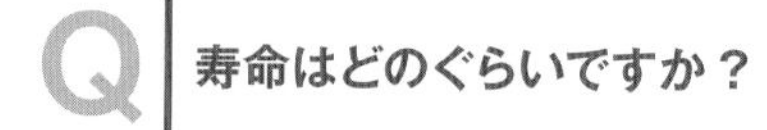

Q 寿命はどのぐらいですか？

元々約15年ほどと意外にも長生きする種類ですが、端的に言うと飼主さん次第ですね。20年経っている個体でも繁殖をしていたという話もあるので、長く生きる個体は25年以上は生きるのではないでしょうか。

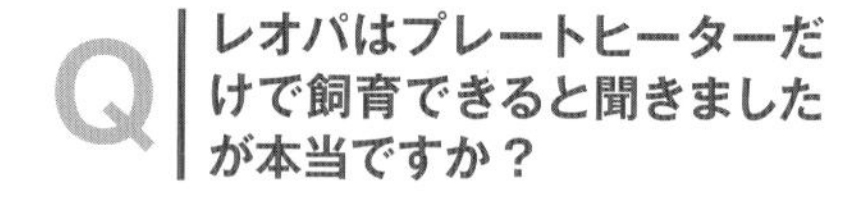

Q レオパはプレートヒーターだけで飼育できると聞きましたが本当ですか？

室温は何℃ぐらいですか? プレートヒーターだけで飼育が可能な個体もいるというだけです。爬虫類も僕らと同じ「生き物」です。寒がりな個体もいれば、暑がりな個体もいます。それは飼育してみないとわからないです。飼育をする中でプレートヒーターの上にいることが少ない、まだそんなに寒くないのに餌の食べが悪くなったなど、いろいろな反応を示してくれます。そういった行動をしっかりと観察して、理解してあげて、その個体に適した保温をしてください。

Q ペットシートで飼育したいですが、大丈夫ですか？

基本的には大丈夫ですが、当店ではあまりおすすめはしていません。誤飲の危険が少ない・清潔に保ちやすいなどのメリットはありますが、やはり爪飛びや脱皮不全が起きるなどの事例が多いのも事実です。悲惨な事例としてはペットシートを破って中に入って出てこれなくなって…という話も聞いたことがあります。レオパを飼育するとよくわかりますが、意外にも床材をよく掘ります。砂での飼育をすすめているのも、そういった行動も考慮してというのも理由の1つです。

Q 爪切りは必要ですか？

必要ありません。爪と床材が擦れ合い、自然に削れていきます。爪を痛いと感じる人がいるかもしれませんが、爪を切って指先から出血することもあるので、爪切りは避けたほうがいいと思います。

Q 尾を切ってしまいました。どうすればいいですか？

飼育ケージを常に清潔に保ってください。傷薬を塗っても良くありません。自然に生えてくるのを待ちます。心配になって何度も持ち上げて見たり、患部などを必要以上に触るのは避けましょう。やれることはケージ内を清潔に保ち、そっとしておくことです。

Q 1週間ほど家を空けなければいけない時の世話はどうすればいいですか？

レオパは基本的に餌切れなどには強い生き物です。日頃からしっかりと世話をしている個体ならばさほど問題はないと思います。ただし、真夏日や真冬などは「飼育温度」をしっかりとチェックする必要があります。暑くなり過ぎたり、寒くなり過ぎたりしないように、部屋自体の空気の流れや保温器具の調整などをしっかり確認をしてから家を空けるようにしてください。

Q コオロギの足を取って与えていますが、なぜですか？

当店では、コオロギの足（1番大きい後ろ足）を取り、頭を潰してから与えるようにしています。これはコオロギの足や顎でレオパの口内や食道・胃袋を傷付けるリスクをできるかぎり回避するため。人間に置き換えると、魚の骨を取る感じです。そこまでする必要はあるのかと言われることもありますが、万全を期した状態でお迎えしてほしいので、そこは徹底しています。

Q 毎日活コオロギを与えているのですが、あまり成長しないように感じます

よくある事例としては、活コオロギに餌を与えていないということがあります。爬虫類は飼いたいけど、コオロギを飼いたくない人が大半を占めているとは思います。しかし、コオロギをしっかりと管理をしないとレオパに与える餌（活コオロギ）自体に栄養価がなくなってしまっているということになります。コオロギの世話は嫌かもしれませんが、それもレオパのため。しっかりと餌と水分を与えて、プリプリに太ったコオロギを食べさせてあげてください。

Q レオパを飼育したいのですが、虫は使いたくありません。レオパゲル、レオパブレンドで終生飼育はできますか？

今の時代は人工飼料での飼育も可能にはなっています。ですから、虫を使わない飼育もできるようにはなってきました。累代飼育も可能なので、栄養的にも問題はないように感じます。ただし、レオパは「生き物」というのをやはり忘れてはいけないと思います。初めは順調に食べていたのに、大人になってからどんどん食べなくなってしまうこともあります。そういった時はどうしますか? 虫が使えないから飼育をやめることにしますか? 元々、虫を食べている生き物に人工飼料を与えているに過ぎません。そのことをしっかりと理解してください。もちろん便利な製品が開発され、それを活用してもらうことはとても良いことだと思いますが、個人的には虫を使う覚悟ナシで飼育するのはおすすめしていないのが本音です。

Q レオパを飼っていますが、夏などに虫を捕まえて与えても大丈夫ですか？

与えないほうが賢明です。野生の虫は寄生虫や病原菌を保菌をしている場合が多いと思います。せっかく飼育しているレオパなのですから、わざわざリスクが高い餌を食べさせる必要はないです。

Q エニグマやホワイト＆イエローは飼わないほうがいいですか？

飼わないほうがいいわけではないですよ。ただ、初めての飼育者にエニグマシンドロームやホワイト＆イエローシンドロームのことを説明しないで販売するケースもあり、問題視されているというのが現状です。エニグマもホワイト＆イエローもレオパのモルフがここまで豊富になった立役者的存在でもあるので、そういった点も理解してあげてほしいですね。もちろん、シンドロームのことも理解を深め、しっかり普及していく必要もあります。

Q レオパの霧吹きは必要ですか？

必要です。よく「水容器があるから大丈夫」と聞きますが、それはその飼育環境に慣れた個体だからです。基本的には、飼育ケージの壁面に付着した水滴を舐めて水分補給をします。ですので、最低でも1日1回、かるくでいいので霧吹きをしてほしいです。水容器から飲む個体もいるので、飲んでいる姿を確認できたら霧吹きの頻度は減らしてもらってもかまいません。確認ができていないのならば1日1回はしてあげてください。

Q レオパを多頭飼育したいのですが、何匹までできますか？

基本的には多頭飼育はおすすめしていません。オス1匹に対して、メス2〜5匹ほどを多頭飼育している愛好家も実際にいます。しかし、匹数が増えるほどどんどんリスクも高くなります。ケージ内で喧嘩をして噛み合ったり、噛み傷から感染症になったり、噛みはしないけどストレスがかかり徐々に弱るといったさまざまなリスクが発生します。そういったリスクを回避するためにも1匹1匹単独で飼育することをおすすめしています。

Q レオパのタンジェリンを飼育しています。繁殖にチャレンジしてみようと思うのですがどうですか？

もし他に気になった個体がいなければ、一般的には飼育している個体と同じタンジェリン系統がいいのではないでしょうか。しかし、個人的にはお気に入りの個体のパートナー探しならば、パートナーも気に入った個体がいいのではないかと思います。スタッフにただすすめられた個体よりもそちらのほうがいっそう愛着も湧き、楽しさを感じられると思います。ただし、将来ブリーダーを目指したいという目標などあるならば、モルフにこだわった繁殖をするのがいいと思います。

Q お迎えしたら、すぐに餌を与えてもいいですか？

おすすめはしません。環境が変わったばかりで少なからずストレスを感じていると思います。2〜3日はそっとしておいてください。すぐに餌を与えると消化不良や吐き戻しをする場合もあるので注意が必要です。

Q もし死んでしまったらどうすればいいですか？

費用はかかってしまいますが、ペット霊園での火葬が1番だとは思います。してはいけないのは公園などに埋める（土葬）、川に流す（水葬）などです。公園などに埋めると他の動物が掘り起こして違う場所に運んだり、死体の中に病原体が存在しており、公園の土や川の水などで増殖をして環境を汚染する危険があるかもしれないなども考慮しなくてはいけません。もちろん、家族が亡くなったのですから、弔ってあげたい気持ちはわかります。ですが、周りに棲む生き物や環境のことにも目を向けてあげてください。ペット霊園での火葬は費用がかかるのでそれが厳しい場合は、可燃ゴミとして焼却処理をしてもらうほうがそういったリスクがない方法だとは思います。弔いかたも大切なのかもしれませんが、どういった気持ちで送り出してあげるかが1番大切なのではないでしょうか。

【参考文献】
レオパのトリセツ（クリーパー社）
ヒョウモントカゲモドキ完全飼育（誠文堂新光社）
爬虫類・両生類フォトガイドシリーズ ヒョウモントカゲモドキ（誠文堂新光社）
ヒョウモントカゲモドキの健康と病気（誠文堂新光社）

profile

監修者 山本 直輝（やまもと なおき）

名古屋学芸大学
ヒューマンケア学部卒。
中学生時代にリクガメ飼育を始め、そこから爬虫類に興味を持ち、㈱名東水園に就職し今に至る。リミックス名古屋インター店ペポニ売場主任。生き物全般好きだが、特に猫と鳥が好き。趣味はバスケットボール、アニメ鑑賞とゲーム。

STAFF

監修　山本 直輝
写真・編集　川添 宣広

撮影協力　アクアセノーテ、aLiVe、
アンテナ、ESP、岩本妃順、
エキゾチックサプライ、SGJapan、
エンドレスゾーン、大津熱帯魚、
オリュザ、Kaz'Leopa、亀太郎、スドー、
蒼天、TCBF、ドリームレプタイルズ、
トロピカルジェム、永井浩司、爬厨、
爬虫類倶楽部、プミリオ、
ぷりくら市、ペットショップふじや、
森田亮、やもはち屋、油井浩一、
リミックス ペポニ、RepAmber、
レプタイルストアガラパゴス、
Reptilesgo-DINO、レプティースタジオ、
レプティリカス、レプレプ、
ワイルドモンスター

表紙・本文デザイン　横田 和巳（光雅）
企画　鶴田 賢二（クレインワイズ）

飼育の教科書シリーズ

レオパの教科書

基礎知識から飼育・繁殖と多彩な品種紹介

2020年1月1日　初版発行
2023年3月5日　第3版発行

発行者　笠倉伸夫
発行所　株式会社笠倉出版社
〒110-8625　東京都台東区東上野2-8-7 笠倉ビル
0120-984-164（営業・広告）
印刷所　三共グラフィック株式会社

ISBN978-4-7730-8936-3